本书获得中共江苏省委党校（江苏行政学院）资助出版

大数据创新发展与知识产权保护

INNOVATION DEVELOPMENT OF BIG DATA AND
INTELLECTUAL PROPERTY PROTECTION

高莉 著

人 民 出 版 社

目　录

序　言

　　党的十九届五中全会通过的《中共中央关于制定国民经济和社会
发展第十四个五年规划和二〇三五年远景目标的建议》提出，要加快
构建以国内大循环为主体、国内国际双循环相互促进的新发展格局。
随着新一轮科技革命和产业变革加速发展，世界贸易和产业分工格局
发生重大调整。同时新冠肺炎疫情全球大流行加速了逆全球化趋势，
全球产业链、供应链面临重大冲击，风险加大。① 面对国内外环境变
化带来的新矛盾新挑战，习近平总书记在中央政治局第二十五次集体
学习时强调，创新是引领发展的第一动力，保护知识产权就是保护
创新。②2021 年 3 月 11 日，十三届全国人大四次会议表决通过了《中
共中央关于制定国民经济和社会发展第十四个五年规划和二〇三五

---

① 参见刘鹤：《加快构建以国内大循环为主体、国内国际双循环相互促进的新发展格
　　局》，《人民日报》2020 年 11 月 25 日。
② 习近平：《全面加强知识产权保护工作　激发创新活力推动构建新发展格局》，《求是》
　　2021 年第 3 期。

年远景目标纲要》（以下简称"'十四五'规划纲要"）。"十四五"规划纲要共十九篇，其中第五篇为"加快数字化发展，建设数字中国"。作为国民经济和国家社会发展的风向标，"十四五"规划纲要明确提出："迎接数字时代，激活数据要素潜能，推进网络强国建设，加快建设数字经济、数字社会、数字政府，以数字化转型整体驱动生产方式、生活方式和治理方式变革。"这意味着数字化转型已是大势所趋，大数据发展进入快车道。2021年是"十四五"规划开局之年，也是"两个一百年"奋斗目标交汇转换之年，借此重要历史节点，本书意在面向新时代、迎接新挑战、解决新问题，研究和思考大数据创新发展中的知识产权理论和实践问题，以期对创新型国家建设和数字中国建设有所助益。

　　大数据本身即是一个极其宏大的主题，单就构建数据科学的学科体系，就需要融合数理科学、计算机科学等自然科学，法学、社会学、哲学等社会科学，以及其他应用学科，无疑是一个巨大的系统工程。而知识产权法学又是一门学术争论多的学科，各种有关基础概念、基本理论等的争议，甚至连知识产权的正当性都经过反复研究和解释，经历了从提出到质疑、再从寒冬到野蛮生长的历程。此外，面对数字时代的新问题，知识产权法学相对贫弱的理论能否有效应对尚需深入探讨。于我而言，对大数据与知识产权的融合研究，既充满好奇又充满挑战，既感到兴奋又心怀谦卑，抛开理论价值和现实意义不谈，最终确定这一选题主要还是出于近些年来我对大数据研究的兴趣所在，同时希冀找到一个跟自己学科及研究方向相契合的支撑点。

　　进入数字时代，新科技革命的核心是数字化、网络化、智能化。

网络互联的移动化、泛在化，信息处理的高速化、智能化，计算技术的高能化、量子化等，都推动着人类生产生活方式全面数据化。近年来，围绕以数据为核心要素和权利客体的理论探讨不断深入，但研究仍显碎片化、非系统性，且对于数据保护的法益类型、权利属性、权利界限等都存在较大争议。目前涉及数据作为知识产权保护对象的情形不外乎著作权和商业秘密权两种模式，研究相对薄弱，一定程度上存在着路径依赖现象。① 值得关注的是，近年来随着数字主权博弈的不断升级，数字知识产权成为国际数字贸易谈判和交易中的重要议题。自美国特朗普政府时期，中美贸易摩擦持续发酵，"数字知识产权问题"一度成为美方挑起争端的借口之一。② 事实上，在数字贸易规则双边或区域谈判中，知识产权保护一直是西方发达国家最为关切的核心利益问题。数字科技和数字贸易的发展需求、复杂的外部环境变化、数据治理国际话语权的提升等诸多因素将倒逼我国知识产权法研究的逻辑范式更新。

我国知识产权法在外来移植和本土改造运动中发展迅速，现已形成了涵括著作权、专利权、商标权、商业秘密权、集成电路布图设计权、植物新品种权等品类齐全、保护充分的知识产权制度体系。但由于知识产权制度是舶来品，自改革开放以来，我国为适应社会主义市场经济发展的需要，促进中国与全球知识产权经济的接轨，知识产权

---

① 采用传统私法的权利理论以及建立于其上的公法干预原理来对数据问题进行理论展开。参见梅夏英：《在分享和控制之间数据保护的私法局限和公共秩序构建》，《中外法学》2019 年第 4 期。

② 参见周念利、李玉昊：《数字知识产权保护问题上中美的矛盾分歧、升级趋向及应对策略》，《理论学刊》2019 年第 7 期。

法律制度才得以逐步建立，发展历程相对较短；加之理论研究长期游离于民法学等研究视野之外，许多学者研究重点在应对国际协调、技术发展带来的新问题，基础理论研究较为薄弱。因此，我国知识产权法学一直被认为是制度完备、理论贫弱的学科，过去知识产权法研究大多运用比较法研究方法，未完全剥离域外产业发展背景和政策制度逻辑，理论研究和制度研究都一定程度上忽视了面向中国具体国情的适配性考量。当前我国正在加速建设数字中国，大数据创新应用和发展的前景广阔、需求强烈。但伴随数字化引发的技术变革、社会变革及法律变革，知识产权法也必然面临理论和制度的深刻调整。

从历史渊源来看，知识产权理论可追溯到中世纪欧洲，肇始于自然法学派的财产权思想。然而知识产权被纳入财产权范畴历经了长时间的论争，因为财产权概念起源于它与有体物之间所形成的关系①。正如约翰·洛克的劳动理论，通过劳动等拨归私用的方式从原始共有物中取得财产，其最初设定的经典场景为在一片共有林地采集苹果或橡子，将处于自然环境中被人发现的东西采摘处理，并把它们放入一个更加个人化的区域。② 从广泛意义上讲，私有财产制度的核心原则之一就是将财产的控制权让与个人，从而形成所有权人与财产之间一一对应的映射关系。如果说洛克的财产理论是强调外部力量在财产

① 最初狭义的财产概念只适用于有体物，当时主要指土地。参见［美］罗伯特·P. 莫杰斯：《知识产权正当性解释》，金海军等译，商务印书馆 2019 年版，第 17 页。
② 参见［英］洛克：《政府论（下篇）》，叶启芳、瞿菊农译，商务印书馆 1964 年版，第 18 页。

私有化中的作用，那么康德的理论逻辑则与之相反，即财产权产生是由内而外的运动过程。康德理论沿着财产制度—市民社会—国际法律秩序的进路发展延伸，其逻辑起点是财产制度，由此产生了物理占有状态，在此状态下，人们可以对占有对象设定目标和计划，比如在木头上进行雕刻，这便需要以持续稳定的控制为前提，然后再将个人意志、自由等作用于占有的对象上，从而形成了观念—法律上的占有。按照这种观点，财产是一种制度，它帮助将个人内部品质和特征转化到事物之中，从而让这些事物发挥作用。依循这一逻辑，财产所有权会使得个人才能、观点及独特人格投射在一般性社会之中，换言之，纯粹内部的特征被投射到更广泛的外部世界，使内部人格特征与外部世界产生交互，人格得到提升，如从创造性成果中获得收入的同时，又为其带来更多的创造自由。与洛克劳动理论相比，康德似乎为解释知识产权提供了更为清晰的逻辑，特别是强调了对个人自治或自主意识的奖赏①，并围绕个人尊严与价值两大议题，将财产权建构在一个适用于全体公民的广泛义务网络之中，为财产权的对世性提供了理论根源。然而，虽知识产权为传统财产权的延伸，但两者依然存在明显差别。根据法国学者萨勒维斯基（J.Schmidt-Szalewski）等考证，直到 19 世纪，柯勒（Kohler）和皮卡尔（Picard）才发现知识产权属于智力成果权，不同于有体财产权，他们意识到，这些权利属于特殊的

---

① 康德对于财产理论的贡献，常常被排除在传统财产权论述之外。康德对于财产采取了高度抽象的方式，为理解知识财产这种最具观念性的财产权提供了绝佳的起点。参见［美］罗伯特·P. 莫杰斯：《知识产权正当性解释》，金海军等译，商务印书馆 2019 年版，第 134 页；Brian Tierney, "Permissive Natrual Law and Property: Gratian to Kant", *Journal of the History of Ideas*, Vol.62, No.3（2001）, pp.381–399.

财产权类型。^①在现代知识产权法研究中，这一观点已得到普遍认同。尽管如此，美国知识产权法学教授罗伯特·P. 莫杰斯认为，传统财产权原理对知识产权仍然具有强大的解释力，有体物与无体物的本质差异不会影响财产的取得方式和控制状态。

通说认为，知识产权中蕴含了分配正义的伦理价值。根据康德的观点，在一个正义社会中，我们之所以自愿承担这样的义务，是因为其他人也承担着同样义务，即财产拨归是以一种相互尊重与互惠的精神而发生的。就知识产权制度而言，互惠意味着在个人财产拨归与第三人自由之间作出调和。^②罗尔斯围绕构建一个公平正义的社会而提出分配正义的道德原则。他将个人权利与公正分配资源结合起来，即将康德的个人主义与对集体的关切相互融合，借助高度分析性的思维方法，建立了自由原则和差异原则两个相互递进的正义原则。基于公共利益的因素，我国有个别学者曾提出知识产权具有公权性，即"公权说"，意欲强调知识产权与社会公共利益之间的关系。针对此观点，吴汉东论述道，私权性是知识产权的基本属性，是知识产权与所有权所具有的共同属性。^③冯晓青、周贺微也认为，"私权秉性是知识产权法的起点，但是维护知识产权制度最终惠及公众的制度价值，是其最终归宿"^④。知识产权制度

---

① 参见李琛：《论知识产权法的体系化》，北京大学出版社 2005 年版，第 66 页。

② 正如肯尼思·韦斯特法尔（Kenneth Westphal）所言，康德对占有之权利所提供的正当性解释，没有涉及任何由他人负担的非正义的单方义务。参见［美］罗伯特·P. 莫杰斯：《知识产权正当性解释》，金海军等译，商务印书馆 2019 年版，第 177 页。

③ 吴汉东：《关于知识产权私权属性的再认识：兼评"知识产权公权化"理论》，《社会科学》2005 年第 10 期。

④ 冯晓青、周贺微：《知识产权的公共利益价值取向研究》，《学海》2019 年第 1 期。

的功能，主要在于分配符号财产的利益，而不是社会公共事务。[①] 据此，知识产权呈现出以私权为中心，以社会公众利益为边缘的内部构造。面向数字时代，对数据赋予知识产权，其意义在于激励数据生产、培育数据要素市场、释放数据资源价值、发挥数据驱动创新作用等。大数据知识产权应坚守私权本性，以此为前提重塑利益分配机制。

　　尽管我国大数据快速发展的格局基本形成，但在数据开放共享、核心技术突破、大数据驱动发展等方面依然面临诸多挑战。例如数据开放共享滞后，数据资源红利尚未得到充分释放；数字产业化和产业数字化整体上依然处于发展初期；大数据核心技术尚未取得重大突破，应用仍处于较低水平[②]；等等。这些突出问题是制约我国大数据发展的主要因素。理论上，研究大数据知识产权理论和实践问题，就是服务于促进大数据创新与发展的价值目标，具体涵括两个层面：在创新驱动层面，一方面要充分释放数据要素价值，发挥数据驱动创新作用。本质上，数据一直是发现新思想的重要渠道。如本杰明·富兰克林通过雷击的数据来提高人类的认识；格雷戈尔·孟德尔通过豌豆植物的数据来发现遗传规律。但与过去不同的是，由于算法技术、云存储、机器学习、深度学习等的重大进步，数据赋能创新的重要性大大增加，如人工智能的核心算法受益于高质量数据，它们利用这些数据进行学习并获得功效。因此，数据产权研究及大数据垄断分析显得十分必要和紧迫。另一方面，要推动大数据采集、清洗、存储、挖

---

① 何敏：《知识产权客体新论》，《中国法学》2014 年第 6 期。

② 徐宗本、张宏云：《让大数据创造大价值》，《人民日报》2018 年 8 月 2 日。

掘、分析、可视化算法等技术创新。这需要以功利主义思想为指导，运用知识产权的激励原理，结合具体应用场景，聚焦"个人数据权益""市场主体数据权属"等议题，合理分配数据权利，培育数据要素市场。在国际博弈层面，重点聚焦"数字知识产权""数据跨境流动"等议题，特别是要比较研究域外国家或地区大数据立法及知识产权保护的新变化、新发展、新趋势，在此基础上，立足中国国情实际和新发展阶段，研究我国大数据保护的立法路径，为促进大数据创新发展和国际数据治理提供中国方案。

从研究维度上看，本书专注大数据创新发展与知识产权保护的宏观维度研究，同时以医疗健康领域为例，从微观维度阐释了大数据透明度与知识产权激励之间的关系。事实上，在大数据知识产权领域，还存在大量有待深入研究的议题。比如，在专利法领域，算法通常作为智力活动规则而不具有可专利性，但大数据算法是最具"知识"含量的技术，如若不能获得知识产权保护，可能会导致算法创新动力的减弱。又如，在著作权领域，数字时代充斥着各种富有创意、充满情趣、内容丰富、形式多样且即时性分享和传播的混合内容，而混合内容必然是在原创作品上实施复制、提取、添加、改进、编辑等行为，那么这些行为究竟是侵权使用还是合理使用，集体性数字创作能否成为作品而获得著作权保护等，尚有很多问题难以达成共识。这些问题不仅关系大数据创新发展及知识产权保护，还关涉数字知识产权博弈和数据跨境流动等议题，亟待深入研究。此外，还有许多有关大数据创新发展的知识产权法学命题有待深入探索。

回顾我国 40 多年来的知识产权事业发展历程，尽管知识产权保护体系逐步完善、公众知识产权保护意识不断增强，但知识产权领域仍有不少问题亟须研究。尤其是面向新时代，面对新领域新业态知识产权问题，欠缺从价值论到教义学全部维度的系统性研究。大数据时代，围绕数据要素、数字技术的知识产权命题层出不穷，知识产权法律规范完善本身固然重要，构建大数据知识产权保护体系，营造大数据知识产权保护生态，探索兼顾技术中立性和法律稳定性的立法技术等方面研究同样重要。总之，大数据、人工智能等技术领域的知识产权保护研究大有可为。

高　莉

2021 年 6 月

导　言
大数据与知识产权融合的畅想

通常认为，"大数据已为现实打开了一个全新的视角，大数据模式暗示着掌握世界的新方式"[①]，同时大数据也可能成为"当今我们面临的最大公共政策挑战之一"[②]，因为大数据的发展应用涉及国家安全、商业创新、公众数据安全、自然人隐私风险等公共利益与个人利益之间的冲突与权衡。然而，高科技性能分析和辨识下的自主权、越来越自动化的决策、数据分析中的误差和不透明，以及传统法律保护的不足等，都会加剧大数据领域的伦理风险和利益冲突。一方面，隐私倡导者强烈呼吁加强自然人隐私保护和数据使用监管，他们在认识到当前"通知—选择"框架存在局限性的同时，还担心大数据可能会为损害个人权益提供理由，以方便侵入式的营销或无处不在的

[①] Viktor Mayer-Schönberger, *Kenneth Cukier, Big Data: A Revolution That Will Transforming How We Live, Work, and Think*, Boston: Houghton, 2013, p.10.

[②] ［美］马克·罗滕伯格等：《无处安放的互联网隐私》，苗淼译，中国人民大学出版社2017年版，第169页。

监控。① 另一方面，大数据为政府、企业等的科学精准决策提供重要依据，从而提升了整个社会经济活动的集约化程度和运行效率，对于我国经济高质量转型发展具有重要的推动作用；同时大数据产业已成为全球高科技产业竞争的前沿领域，以数据为核心要素的科技竞争和贸易竞争日趋剧烈。相应地，寻求数据保护与数据利用乃至大数据创新发展之间的利益平衡已成为不可忽视的重要课题。

一、大数据是一把"双刃剑"

从历史渊源来看，大数据变革与技术革命紧密相关，由社会发展规律决定。追本溯源，大数据的发展至少经历了三个阶段：第一阶段，早期的数据分析体现了目标性和任务性。在早期数据分析中，公司为执行时间密集的任务，将内部生成的数据送入数据仓库，以提高数据洞察力。这个时期的数据采集、整理、分析均有明确目的和固定的分析方法，如数理统计方法。第二阶段，大数据时代开始的标志是收集和分析的数据来源于内部和外部的大量信息。为了满足存储和分析这些大型数据集的需求，像 Google、Yahoo、eBay 等创新者开发了新的、开源的软件技术或工具，如 Hadoop，可以存储和处理海量数据集。所谓"一部电影与一张冻结的照片有本质区别"②，大数据亦是

---

① ［美］马克·罗滕伯格等：《无处安放的互联网隐私》，苗淼译，中国人民大学出版社 2017 年版，第 169—171 页。

② Viktor Mayer-Schönberger, *Kenneth Cukier, Big Data: A Revolution That Will Transforming How We Live, Work, and Think*, Boston: Houghton, 2013, p.10.

如此，量的改变带来了质的变化。大数据是对"动态图像"的预测，"动态图像"来自非计划性的二次使用数据集，而不是计划性数据"快照"。第三阶段，大数据使用从技术创新者转移到其他商业机构和政府机构且仍在不断扩展。目前我们正处于此阶段，数据数量和种类相当充足富余，难以预见今天所采集的数据在未来会有怎样的用途和价值。这些不可预见的二次使用会不断刺激数据采集和存储，以便日后进行分析，存储成本也在不断降低。大数据越来越多地介入各种各样的人类活动中，从银行业、保险业、电子商务等商业应用到罪犯再犯可能性评估、交通、医疗等管理应用，所产生的新见解和预测对政府、企业和公民之间的关系产生了重大影响。

　　那么，究竟何为"大数据"？从字面理解，大数据是数据的通用名称，其中"大"主要体现在聚合上而非内容上。2011 年 5 月，麦肯锡全球研究院（MGI）发布的报告《大数据：创新、竞争和生产力的下一个新领域》指出，"大数据源于数据生产、收集的能力和速度大幅提升"，"由于越来越多的人、设备和传感器通过数字网络连接起来，产生、传送、分享和访问数据的能力也得到彻底释放"。牛津大学教授维克托·迈尔 – 舍恩伯格（Viktor Mayer-Schönberger）和肯尼斯·库克耶（Kenneth Cukier）将大数据定义为"在大范围内，通过改变市场、组织以及公民与政府之间的关系等路径，来获取新的见解或创造新的价值形式"。也有学者提出，以"数据分析"或者"数据科学"替代"大数据"，因为大数据的重要性不在于数据集尺寸，而在于建立在大量数据分析基础上所得出的重要结论。然而随着大数据的发展应用以及人们对大数据认识的深入，借用传统数据分析方法来简单定义大数据是不甚准确的。大数据分析是通过建立一个独立的平台来进行的，这个平台可以在合理的时间范围内管理海量的信息。因此，大数据蕴含着移动性、多样性价值目标，所捕获的数据量将随着存储和分析能力的增长而变化。简而言之，大数据已不再是一个单纯的科学概念，大数据内涵应置于社会大背景中加以诠释，并从大数据的应用及其社会价值角度去深化。笔者认为，"大数据"是一个综合性概念，随着信息技术的深入发展和认知水平的不断提高，其内涵会日益充实、外延会日趋扩张，准确定义"大数据"既不现实也无必要。但为探寻数据保护的必要性和可能性，我们可采取开放、包容的态度去理解它，即在海量信息存储条件下，分散的元数据（metadata）通过传感器、互联网交互、电子邮件、仪器装备等聚合成数据集，数据集不断更新、纵向汇聚，形成庞大、多样、复杂的数据资源，为公司、政府及其他机构二次利用，以预判未来情势，得出新结论或创造新价值。

正是由于大数据概念的模糊性和不确定性，人们通常以"4V"特征（即数据的体积、速度、变化和准确性）来廓清大数据内涵。具体来说，2001 年由道格·莱尼（Doug Laney）提出不同以往的"3Vs"特征，即体积（volume，数据的大小和规模）、速度（velocity，数据生成和处理的速度）和变化（variety，分析数据的不同形式和范围）。① 这三点特征专注于计算，对数据进行排序和分析，处理日益庞大的数据集以及复杂性所固有的问题。后来，有人提出了第四个"V"（veracity），

① Doug Laney, "3D Data Management: Controlling Data Volume, Velocity, and Variety", http://wenku.baidu.com/view/c4ddd5400b4c2e3f5627633d.html.

即数据的准确性。意指用户输入错误、冗余数据或数据的损坏不应造成对个人数据总体价值的影响。最近，又有人提出第五个"V"（value）①。但本书认为，"数据价值"不应纳入大数据特征范围内，因为这是大数据的意义也即价值所在，而非特征本身。基于上述特征，我们也应当意识到大数据所带来的新风险和新挑战，尤其是新型隐私风险、身份识别问题、歧视之隐性存在、公民自决权和程序正义价值贬损等是当前亟待深入研究的重要课题。在"4 V"特征中，体积可以说是最重要的特征。数据容量的增大，会使数据分析能力加速提升，而数据收集、存储能力的发展又会促进数据量的指数化增长。速度有时被称为数据的"新鲜度"，与数据更新的速度有关。尤其是在动态市场，新数据的产生可能导致旧数据的过时。多样性特征是指收集不同来源数据的数量。事实上，"巨量数据"常常意味着多种类型的数据聚合，即数据源可以是多种多样的：既可以来源于人类行为如用户访问，也可以来源于机器如物联网和可穿戴设备；既可以是原始数据如博客上的帖子，也可以是其他人已经收集到的二次数据。来源不同的数据集成在一起，可能会大大增加数据集的价值。此外，数据的准确性会导致数据之间质的差别，它不仅与数据的真实性有关，还与数据库构建块的准确性有关。②

从上述分析来看，大数据价值主要体现在数据综合分析阶段，但数据收集和存储是大数据价值的基础。因而数据收集、存储、分析和

---

① 参见涂子沛：《数据之巅》，中信出版社 2014 年版，第 258 页。

② Daniel Rubinfeld, MichalGal, "Access Barriers to Big Data", *Arizona Law Review*, Vol.57, 2017, pp.340–381.

使用等构成了完整的大数据价值链，"4V"特征则贯穿于整个价值链的所有阶段。概言之，大数据价值不仅来源于数据收集，还更大程度上取决于大数据的综合和分析能力，通过变量之间的相关性分析，促使从大数据中快速和深入学习的能力得以大大提高。具体来说，数字科技的改进和创新涵括关联分析、数据分割和聚类、分类和回归分析、异常检测和预测建模等数据挖掘技术，以及可以根据数据"分析和可视化"各种性能指标进行的业务性能管理（BPM）等，这些技术使算法能够快速建模，并以一种自动化的方式迅速有效地进行预测，极大提高了大数据分析的准确性。同时，新的分析工具使算法能够自动地从过去的操作中"学习"，创建一个正反馈循环，从而提高数据挖掘效率。此外，数量的变化导致质量的改变，即"量变"引起"质变"：基于数据规模的扩增，大数据实现了传统数据收集无法完成的算法决策和洞见，进而促使政府、公司和个人作出更有效的决策。如今"大数据"一词不再是数据的通用名称，也非初始或"粗糙"数据收集的代名词，而是用于处理从原始数据集合和分析中得到的流动元数据，这些数据是市场运作的核心，也是进入数字经济时代的关键要素。正如经济合作与发展组织（OECD）所指出的，"大数据现在代表了一种核心的经济资产，可以为企业创造巨大的竞争优势，推动创新和增长"。

纵观大数据内涵与特征，不难发现，大数据是一把"双刃剑"：一方面，大数据价值与大数据特征、大数据价值链紧密相关，与小数据时代相比，大数据时代的数据规模、算法技术、机器学习等方面发生了巨大变化，它们将帮助政府和企业提高决策的精准性、准确性，从而提升决策水平和服务效率；同时也带来了诸多社会福利，比如为消费者提供个性化产品和服务，为弱势群体提供救济机会，等等。另一方面，在互联网、大数据、人工智能"三浪"叠加下，自然人隐私、数据安全、算法歧视①等风险和危害将进一步增加；此外大数据分析旨在提供数据相关性结论，而不追究因果关系等内在逻辑，这可能增加"错误发现"的风险，进而影响信息的质量，并将风险成本强加给那些受错误分析影响的人；等等。事实上，在大数据背景下，机遇与风险、福利与危害总是相伴而生的。譬如，向消费者提供高质量产品或服务的同时，换取了数据的收集和使用，但当个人意识到数据是如何收集和使用的，他们的行为也可能会发生变化。假定对第一次和重复用户设置不同的价格，那么用户可能会删除他们的搜索历史，以便享受第一次用户的好处。而消费者行为的改变，又会受到数据预测的影响，而这些预测反过来会损害消费者的福利。因此，这种具有利益交互性的整体福利效果取决于数据收集、数据分析等可能产生潜在的影响，而数据收集处理过程中的多元利益冲突需要平衡机制予以协调，才能最大程度地实现大数据价值。

二、大数据呼唤利益平衡：基于实证分析角度

欧盟《一般数据保护条例》（*General Data Protection Regulation*，GDPR）历时四年的商讨制定，最终于 2016 年 4 月 14 日由欧洲议会

---

① 通过大数据算法，将某些消费者归类到某些可能导致排斥或歧视的"口袋"中，从而加剧差异或偏见。比如企业可以利用大数据算法，将低收入社区居民排除在某些有利的信贷和就业机会之外。

投票通过，并于 2018 年 5 月 25 日正式生效。GDPR 的通过意味着欧盟对数据隐私或个人信息保护及其监管达到了前所未有的高度，堪称史上最严格的数据保护法案。自 GDPR 正式实施以来，已有多家跨国企业平台收到不同程度的罚单，下面以 Google 为例。

2018 年 5 月，两家欧洲非营利性隐私和数字权利组织相继向法国国家信息与自由委员会投诉称，Google 在处理个人用户数据方面采用了"强制同意"政策，其收集的数据包含大量用户个人信息，这些信息还在用户不知情的情况下被用于商业广告用途。法国数据保护监管机构（CNIL）调查发现，Google 的行为违反了欧盟于 2018 年已生效的 GDPR，主要包括：（1）Google 未提供用户数据的便捷访问渠道（例如数据处理目的、数据存储时间、个人数据类别等重要内容被过度分散地置于多个文件中，给用户访问带来不便），这造成用户无法行使对其个人信息的自决权，包括管理和使用等。（2）Google 还将用户"同意"选项设定为"全局默认设置"，不符合监管机构所规定的"特定同意"要求。Google 要求用户必须完全同意隐私政策中的服务条款和数据处理条款，而非区分各种不同目的（如个性化广告或语音识别等）来同意各项条款。（3）Google 目前用于征求安卓软件用户个人信息的弹出式窗口似乎暗含威胁意味：如果用户不接受这些条款，服务将无法提供。Google 预先勾选了广告个性化处理的显示框，而根据 GDPR 的规定，只有用户作出明确的肯定行动（例如对未预先勾选的显示框进行勾选），"同意"才是明确的。法国国家信息与自由委员会 2019 年 1 月 21 日发布公告称，依据 GDPR 的相关规定，专门小组认为 Google 在处理个人用户数据时存在缺乏透明度、用户获知信息不便、广告定制违反有效的自愿原则等问题，法国将对其处以 5000 万欧元，约合人民币 3.8 亿元的罚款。《GDPR 执法案例精选白皮书》对 Google 案例的违法行为进一步分析称：一是违反透明性原则，用户无法轻易访问 Google 提供的信息。Google 在用户访问个人数据上缺乏透明度，一方面，用户无法了解 Google"大规模的、侵入性的"数据处理达到了什么样的程度；另一方面，即使是 Google 已经提供了相关信息，对用户来说也是不易获得的，原因是这些信息过度分散于多个文件中，需要用户经过五六个步骤才能访问。二是违反了为广告个性化处理提供法律依据的义务。首先，用户的"同意"是在其尚未充分了解情况的前提下作出的。比如 Google 对广告进行了稀释操作，打散在 Google 搜索、YouTube、Google 主页、Google 地图、Playstore、Google 图片中，个人信息在多个文件中被过度传播，而用户并不知情。其次，用户的"同意"既不是具体的也不是明确的。创建账户后，用户可以通过单击"更多选项"按钮修改与账户关联的某些选项，在"创建账户"按钮上方访问。实际上，用户不仅必须点击"更多选项"按钮来进行访问配置，而且受到 Google 预先勾选广告个性化处理显示的影响。根据 GDPR 的规定，只有用户具体明确的肯定行动（如用户对未预先选定的方框进行了勾选），才能被认定为同意是"明确的"。最后，在创建账户之前，要求用户勾选"我同意 Google 的服务条款"框和"我同意如上所述处理我的信息，并在隐私政策中进一步说明"才能完成创建账户的过程。对应的 GDPR 法律条文中，Google 定向广告投放案例涉及 GDPR 规定的数据处理原则以及处理的合法性问题，具体包含从数据主体处获取信息的信息提供问题、从非数据主体处获取信息的信息提供问题，以及数据主体的"同意"问题。[①] 众所周知，Google 是一家位于美国的跨国科技企业，业务涵盖互联网搜索、云计算、广告技术等，同时开发并提供大量基于互联网的产品与服务，其主要利润来自 AdWords 等广告服务。面对 5000 万欧元，约合人民币 3.8 亿元的高额罚款，Google 案件不仅给跨国互联网平台公司带来启示，即应当充分理解 GDPR 的条文，积极应对跨境数据收集处理方面的新规范及新挑战；还预示着大数据保护立法的新趋势，以及数据保护与数据利用之间利益平衡的迫切需要。

截至 2021 年 5 月，GDPR 已实施三年，而美国《加利福尼亚消费者隐私法案》（*California Consumer Privacy Act*, CCPA）也于 2020 年 1 月 1 日正式生效，这两部立法均涉及大数据发展与保护方面的重要议题。美国企业研究所（American Enterprise Institute）访问研究员罗斯林·莱顿（Roslyn Layton）针对 GDPR 和 CCPA 两部立法，围绕选择同意、消费者控制，以及对竞争和创新的影响等问题展开调查并评价指出，两部立法的实施都面临如下问题：强化了头号玩家利益；削弱了中小型企业竞争；对于许多公司来说成本高昂；抑制了言论自由；威胁着创新和研究；增加了网络安全风险；为身份盗窃和在线欺

---

① 参见 SCA：《法国诉 Google 定向广告推送案件分析》，2019 年 11 月 2 日，见 https://zhuanlan.zhihu.com/p/89795850。

诈创造了机会；以强化用户对其数据信息的控制力为幌子来增加政府的权力；未能有意义地将隐私权益、激励创新和消费者教育等方面在数据保护中充分体现出来、结合起来。①

　　结合上述案例及立法效果评估，我们不难看出，大数据立法面临个人利益、企业利益、国家利益等兼容性和平衡性保护问题，也面临与大数据发展战略的协调问题，这就需要大数据专门立法与配套性法规的共同调整和相互作用。正基于此，2020 年 1 月欧盟数据保护专员公署（European Data Protection Supervisor, EDPS）发布了《个人数据保护比例原则指南》（以下简称《指南》），以欧盟法院（CJEU）、欧洲人权法院（EctHR）的判例法、EDPS 第 29 条工作组（WP29）的意见以及欧洲数据保护委员会（EDPB）的指南为基础，旨在为政策制定者提供实用工具，以帮助评估拟议的欧盟措施是否符合《基本权利宪章》对隐私保护和个人数据基本权利的规定。就《指南》目的而言，欧盟《基本权利宪章》（以下简称《宪章》）所载的基本权利是欧洲联盟核心价值的一部分，《欧洲联盟条约》（以下简称《条约》）也规定了这些核心价值，其中包括《宪章》第 7 条和第 8 条所载的隐私权和保护个人数据的基本权利。欧盟机构和成员国必须尊重和保护这些基本权利，包括在制定和实施新政策或采取任何新立法措施时，要对涉及基本隐私权和个人数据保护与限制的政策法律规定进行必要性和相称性评估，这是任何涉及处理个人数据的建议措施都必须遵守的基本原则。然而，要确保数据保护成为欧盟政策制定的基石，不仅

---

① 《GDPR 的 10 个问题及数据隐私保护的启示》，2020 年 5 月 31 日，见 https://zhuanlan.zhihu.com/p/144924104。

需要理解法律框架和相关判例法中所表达的原则，还需要注重解决复杂问题的实践性和创造性，通常还需要在政策优先级上进行取舍和平衡。CJEU 承认，欧盟立法通常在需要满足几个公共利益目标时，需要厘清公共利益目标之间是否存在矛盾，并力求在各种公共利益和基本权利之间发掘相对公平的平衡点，以满足欧盟各种立法的要求和需要。该《指南》旨在帮助评估拟议措施是否符合欧盟数据保护法律。EDPS 一方面强化立法者评估有关个人数据保护与限制相称性的责任，另一方面为评估新的立法措施的比例性提供有效方法及解释机制。根据欧盟机构的要求，为《宪章》第52条第1款所规定的具体要求提供了指引。该《指南》的框架及主要内容包括：一是引言，阐述其内容和目的；二是对处理个人数据时所采用的比例性测试进行法律分析；三是评估新立法措施之比例性的分步核对表。其中，检查表是《指南》的核心，可以独立使用。为了确保委员会编制的影响评估标准具体明确，《指南》还规定了统一术语（如驱动因素、原因、问题定义、影响等）的使用。考虑到这项工作的复杂性和特殊性，电子数据中心承诺并准备为委员会提供协助服务，包括协助从事影响评估工作，提供有关作为基本权利的数据保护的宝贵依据和来源等。①

从本质来看，欧盟数据保护的比例原则旨在平衡大数据领域的多元利益及价值冲突，这与知识产权法的利益平衡理念相契合。后者以私权保护为逻辑起点，以惠及社会公众为最终归宿点，希冀实现私权保护与社会公共福祉、上游创新与下游创新等利益平衡。在大数据领

---

① 参见 CAICT 互联网法律研究中心：《欧盟数据保护主管发布〈个人数据保护比例原则指南〉概述》，2020年2月6日，见 https://www.secrss.com/articles/16954。

域，存在国家安全及公共安全、商业创新、社会公共利益、个人数据利益等多元价值目标冲突，存在大数据上游创新与下游创新之间的内在矛盾，存在对数据共享、数据流通的渴望与对个人数据隐私保护的诉求之间的对立关系，存在数据隐私的个体维度与群体维度的不一致性等，这些矛盾与冲突都呼吁大数据立法予以协调和解决，并需要利益平衡理念加以指导。

三、大数据需要与知识产权"联姻"：基于理论分析角度

随着新一代信息技术的深入发展，数据的重要性越来越为人们所理解，"大数据已成为21世纪极其重要的战略资源"，这一论断也已基本达成共识。但从权利角度出发，对于大数据蕴含的财产属性及其权利语境等方面，我们还须深入研究。

（一）财产拨归——大数据与知识产权融合的理论前提

根据洛克财产理论，其焦点是关于从一种"自然状态"中拨归财产的主张。洛克描述了一片共有林地采集苹果或者橡子的经典场景，就是将财产划拨的场域设置在公有资源领域。由此可见，洛克理论研究的初始条件与知识产权领域十分接近，同时与大数据领域也相契合，这是由数据的非竞争性、非排他性等特征所决定的，数据聚合形成了一种公共资源。但从更深层次讲，洛克财产理论与知识产权或大数据财产权是否具有"适配性"，尚有待于进一步观察。

在洛克财产理论中，无论在解释财产权的正当性还是在约束财产权方面，劳动都起着关键性作用。洛克认为，财产权主张之正当性在

于劳动，换句话说，劳动就是解释为什么可以从一个为全体人类公有的资源中产生出个人财产权的依据。有学者将洛克的财产拨归理论与知识产权一一对应发现，无论是洛克设置的初始条件（公共资源领域），还是财产拨归的依据（劳动）都能够与知识产权逻辑自洽。比如，洛克也承认，作品必须通过研究与写作才能完成，这就蕴含着至少对诸如作品之类的最终产品而言，以劳动为依据而提出财产主张是正当的。①

对于大数据领域而言，数据具有非竞争性，可以说大数据是一座蕴藏巨大价值的公共矿藏资源，从起始条件来看，这符合洛克"财产权划拨"的理论前提。此外，大数据技术的体系庞大且复杂，其基础性技术就包括数据采集、数据预处理、分布式存储、数据库、数据仓库、机器学习、并行计算、可视化等。以大数据算法为例，算法是大数据分析的重要基础，当对数据进行处理时，简单、结构化的数据集较为容易处理，算法复杂度也易于预测和评估，但对半结构化、非结构化数据进行处理时则呈现多样化问题，分析数据困难更大，算法复杂度超越了经典摩尔定律，整个算法性能也不易控制。在此情况下，数据控制者往往根据不同的数据分类，以及自身的需要，对算法技术进行创新，这便凝结了"劳动"的因素。但值得一提的是，大数据的财产权必将受到隐私权的挑战，因而我们不得不考虑分配正义和比例原则。

（二）分配正义和奖赏观念——大数据与知识产权融合的逻辑

①　[美] 罗伯特·P. 莫杰思：《知识产权正当性解释》，金海军等译，商务印书馆 2019 年版，第 63 页。

归因

在诸多论述中，"财产与再分配是相背而行的两种思想动力"①。分配正义一般指对社会资源的公平分配，常常与再分配有关，并取决于国家法律和政策对经济资源的重新定向。从本质上说，财产权具有特定主体和指向，而国家为了某种公共目的，可以通过制定政策或法律予以重新配置，即制度性分配正义，下面我们将从罗尔斯的正义理论出发展开讨论。

罗尔斯的正义理论蕴含了为构建一个公平正义的社会而设计出的道德原则。该理论的核心标志是，将康德的个人主义与对集体的关切相互融合，再加之高度分析性的思维方法，从而构建起社会正义理论。根据罗尔斯的正义理论，每个人对于其他人所拥有的最广泛的基本自由体系相容的类似自由体系，都应有一种平等的权利。②这意味着一旦基本自由被确立，资源平等就起着道德底线的作用，如若发生偏离，必须具有正当理由。在此前提下，罗尔斯指出，社会的和经济的不平等应使其在与正义储存原则一致的情况下，适合于最少受益者的最多利益，并且依系于在机会公平平等的条件下向所有人开放的地位和职务。这一观点被称为"差异化原则"，作为衡量在某一特定社会中，人们在可获得资源上所允许存在的差别。依据罗尔斯的构想，最少受益者维持的生活水准达到最大化时，不平等才是可以被容

---

① ［美］罗伯特·P.莫杰思：《知识产权正当性解释》，金海军等译，商务印书馆2019年版，第205页。

② 这一原则称为"自由原则"，包括了言论自由、宗教自由等基本公民权利。参见 Thomas Pogge, *John Rawls: His Life and Thought*, Oxford: Oxford University Press, 2007, pp.188–195.

忍的。罗尔斯的正义理论对解释知识产权有所助益：首先，罗尔斯认为，个人拥有独立使用个人财产的权利，这是个人获得独立和自尊的物质基础，而独立和自尊对于发展道德能力来说，是根本性的；其次，"资源"的公平分配是社会正义理论的主要议题。

罗尔斯关于公平分配问题的探讨是从一组关系清单展开的，即"权利与自由、权力与机会、收入与财富"[①]。这份关系清单具有扩展性，许多后罗尔斯理论进行了扩充，将更广泛的人类能力概念囊括其中。如阿玛蒂亚·森（Amartya Sen）与玛莎·努斯鲍姆（Martha Nussbaum）认为"罗尔斯的关系清单范围过窄"[②]，应当予以补充。当然也存在相反的观点，认为罗尔斯的再分配做得过宽了。他们认为，如果对经济自由实行广泛的再分配，只会大规模地消除让人们努力工作并提高他们个人生活水平的激励。尽管公平是一个值得赞美的目标，但为其付出的代价过高，需要用整体性社会福利为代价才能获得。[③] 这些论争让我们意识到，分配正义的基础在于厘清道德能力的关系，而通过创新性劳动和贡献使某人自然拥有某种东西是否具有合理性，即对创造性能力的奖励在分配正义中究竟起着怎样的作用，这一问题对分配正义的进一步阐释至关重要。

回顾罗尔斯的理论架构，其对分配正义的论述蕴含两个基本原

---

① 约翰·罗尔斯：《正义论》，转引自［美］罗伯特·P. 莫杰思：《知识产权正当性解释》，金海军等译，商务印书馆 2019 年版，第 210 页。

② Amartya Sen, Martha Nussbaum, *The Quality of Life*，转引自［美］罗伯特·P. 莫杰思：《知识产权正当性解释》，金海军等译，商务印书馆 2019 年版，第 211 页。

③ ［美］罗伯特·P. 莫杰思：《知识产权正当性解释》，金海军等译，商务印书馆 2019 年版，第 211 页。

则：平等原则和差异化原则，两者是顺序实现的。在罗尔斯看来，拥有自然天赋与社会性的有利条件，并不代表着我们对此拥有不可转让之权利的基本自由。换言之，在资源上的不平等只有在其服务于最不富裕者的利益时，才是被允许的。正基于此，罗尔斯的出发点是平等主义的公平，进而为财产权利作出调整，这刚好与洛克、康德的理论相反，后者主要从财产权开始，进而对集体公平加以校正。当延伸至天赋才能和努力工作这个领域时，罗尔斯的理论却遭到了严重的抵制，主要焦点在于通过才能和努力工作获得财富与通过继承获得财富能否相提并论的假定上。由于知识产权与奖赏观念具有密切关系，那么奖赏是否应当成为分配正义的道德主张呢？对此问题的阐释不仅涉及知识产权的正当性，也涉及大数据是否能与知识产权"联姻"的核心论据。为此，我们不得不列举更广泛的哲学观点予以探讨。

对于奖赏观念，哲学家乔尔·范伯格（Joel Feinberg）的贡献在于，提出了奖赏依据的概念，即根据什么而确定某人值得拥有某物。与此同时，还区分了奖赏依据与资格条件的不同。这对解释知识产权规则里的奖赏条件有所裨益。当然，奖赏与洛克劳动理论的关联巨大，也与哲学家沃切赫·萨杜斯基（Wojciesch Sadurski）的主张相契合。根据萨杜斯基的主张，所付出的努力是奖赏唯一的合法性依据和计量手段。[1] 然而，他同时指出，奖赏不同于赋权，前者是一种道德表述，后者则具有法律色彩。那么，假设知识产权作为一项基本权

---

[1] Wojciesch Sadurski, *Giving Desert its Due Social Justice and Legal Theory*，转引自［美］罗伯特·P.莫杰思：《知识产权正当性解释》，金海军等译，商务印书馆 2019 年版，第 231 页。

利，由奖赏的道德理性演化而来，法学家们仍然需要证明人们是在原初状态下的理性选择。在当时的历史条件下，知识产权只能赋予少数拥有天赋异禀且具备发展潜力，从而可以在某一种创意产业中将才能加以施展的"专业创造者"，而对于大多数人而言，一辈子也不可能进入该群体，因而从知识产权中直接受益的可能性极小，故较难推理出这些普通的理性人会对知识产权正当性予以支持。

然而时至今日，人们深受知识和技术的惠泽，不再纠结应基于贫困还是创造性而带来财产权之问题，相反有更多的人加入知识创造的行业，他们期望获得知识产权，以保护其创造性劳动和带来更大的价值回馈。因此，知识产权的正当性已为当代社会所接受，经济学界和法学界对此达成的共识是，知识产权为激励创新创造，以赋予财产权来换取知识和信息向社会公众开放，从而增进社会福祉和促使社会进步。① 换言之，知识产权具有一种交换价值，权利人为获得有限垄断权而将其创造性信息公开，从而为社会公众带来"知识"福利。显然这体现了一种分配正义性，知识产权既是对权利人的奖赏，又是社会进步的巨大推动力。

行文至此，大数据与知识产权融合的理由也已呼之欲出：一是大数据是海量数据的动态汇集，数据具有非竞争性特性，其以二进制字

---

① 这里蕴藏了功利主义理论，也称为知识产权激励理论。功利主义的论证主要立足于成本效益分析，即认为知识产权是鼓励知识产品的最大化创造与最小化社会成本的制度工具。兰德斯与波斯纳的效率理论是功利主义的典型代表。根据波斯纳的主张，在作出法律选择时，需要借用经济分析方法来修正道德论证的不确定性。参见［美］威廉·M.兰德斯、［美］理查德·A.波斯纳：《知识产权法的经济结构》，金海军译，北京大学出版社 2016 年版，第 4 页。

符形式存在，当未与具体个人身份相关联时，并无特定人格含义，具有"公共资源"属性，与洛克设想的"一片林地"类似，这是财产拨归的前提条件；二是大数据的价值不在于海量数据的杂乱汇聚，而是通过数据采集、数据预处理、数据存储与管理、数据分析与挖掘等大数据技术的整合，才能发挥其效用，这便有了"知识"基础；三是大数据贡献需要被奖赏，以私权为起点鼓励大数据的创新发展，从而创造更多社会福祉而最终福泽社会公众，与知识产权的内在逻辑相契合。

概而言之，知识产权法正处于一场巨大变革中，这主要来自数字技术革命，而伴随着"数字音乐"取样、粉丝分享平台、大数据、人工智能、5G 等新技术领域的急剧扩张和颠覆性影响，知识产权法将面临重大挑战。本书以大数据创新发展为切入点，以知识产权保护为落脚点，重点聚焦大数据特征与价值、大数据市场准入壁垒、大数据竞争与福利效应等影响大数据创新发展的核心问题，以及数据利用与数据保护等价值目标的冲突问题，依循利益平衡原理，探索大数据知识产权保护的正当性和必要性。在此基础上，对大数据知识产权保护模式的域外法进行比较研究，进而提出构建我国大数据知识产权保护体系的立法建议。希冀本书能起到抛砖引玉之作用，在此呼吁法学界乃至更广泛领域的学者们加入大数据知识产权保护研究之行业。

第一章

大数据创新发展的问题反思

　　2014 年 3 月，"大数据"首次写入政府工作报告；2015 年 10 月，党的十八届五中全会正式提出"实施国家大数据战略，推进数据资源开放共享"。这表明中国已将大数据视作战略资源并上升为国家战略。2015 年 11 月 3 日发布的《中共中央关于制定国民经济和社会发展第十三个五年规划的建议》提出，拓展网络经济空间，推进数据资源开放共享，实施国家大数据战略，超前布局下一代互联网。2017 年 12 月 8 日，习近平总书记在主持中共中央政治局集体学习时强调，"大数据发展日新月异，我们应该审时度势、精心谋划、超前布局、力争主动，深入了解大数据发展现状和趋势及其对经济社会发展的影响，分析我国大数据发展取得的成绩和存在的问题，推动实施国家大数据战略，加快完善数字基础设施，推进数据资源整合和开放共享，保障数据安全，加快建设数字中国，更好服务我国经济社会发展和人民生活改善"。2018 年 5 月，习近平总书记在向中国国际大数据产业博览会的致辞中指出，

"我们秉持创新、协调、绿色、开放、共享的发展理念，围绕建设网络强国、数字中国、智慧社会，全面实施国家大数据战略，助力中国经济从高速增长转向高质量发展"。《中华人民共和国国民经济和社会发展第十四个五年规划和 2035 年远景目标纲要》（简称"十四五"规划）更是将"加快数字化发展，建设数字中国"单列一章，并明确提出"打造数字经济新优势、加快数字社会建设步伐、提高数字政府建设水平、营造良好数字生态"等重要内容和战略要求。其中"数字经济"就是以数字化的知识和信息为关键生产要素，以大数据、人工智能、物联网等数字技术创新为核心驱动力的新经济形态。正如美国达特茅斯学院塔克商学院教授马修·斯劳特（Matthew Slaughter）所言，"全球经济已成为一台永续运转的数据机器"。

承上，大数据不仅是一个战略性新兴产业，还是事关我国经济社会发展全局的战略资源。大数据产业已经成为全球高科技产业竞争的前沿领域，以美、日、欧为代表的全球发达国家或地区率先展开了以大数据为核心的新一轮信息战略，我国也紧跟其后，2018 年在数字经济占 GDP 比重最高的国家中，我国位列世界第九；大数据技术为社会经济活动提供决策依据，提高各个领域的运行效率，提升整个社会经济的集约化程度，对于经济社会转型发展具有重要的推动作用。相应地，大数据创新发展也面临着挑战，尤其是来自数据伦理及技术、法律、行为等方面的壁垒和障碍，亟待梳理和反思。

第一节　大数据技术的伦理反思

一、大数据引发新型隐私风险

大数据是一种高级的数据挖掘分析工具。随着大数据的广泛应用，不仅商业效率得到大大提高，还取得了许多意想不到的效果。以医药领域为例，通过大数据分析预测医药副作用；以国家安全领域为例，通过大数据分析预防恐怖主义袭击；等等。普遍认为，我们已进入数据驱动型经济社会，而数据驱动分析是一个自动化过程，其间会涉及两种不同属性的数据：个人性质的数据信息和非特定个人的其他数据信息，前者即涉及个人隐私问题，后者如天文观测、地质测量等相关数据。

在数字经济时代，大数据应用日趋广泛，所带来的社会福祉呈几何级数增长。以社会治理领域为例，据调查统计，截至 2015 年年底，国外在社会治理方面的大数据应用已十分广泛，主要包括：一是社会安全方面占比 31.7%，主要涉及治安、消防、食品安全、交通和自然灾害等方面，旨在通过大数据实现安全事件的早期发现和介入，以减少损害；二是城市建设方面占比 14.6%，主要涉及街道、公共设施等选址规划和维护，旨在通过大数据提高城市建设的市民参与度和满意度；三是社会保障方面占比 12.2%，主要涉及为弱势人群提供帮助，旨在通过大数据发现最需要帮助的对象及整合可以提供帮助的社会力量；四是儿童与教育方面占比 9.8%，主要涉及为儿童成长和教育提供支持，旨在通过大数据更有效地分配教育资源及定位困难学生帮助其完成学业等；五是就业与创业方面占比 7.3%，主要涉及为就业和创业提供支持，旨在运用大数据识别供需不平衡并积极加以引导，如弥补"技能沟"等；六是环境治理方面占比 7.3%，主要涉及降低能耗和污染，旨在利用传感器等数据识别和排查污染和耗能高发地区，以便早期发现和介入①；等等。除此之外，大数据应用在交通管理、金融服务、网上购物、移动支付等领域都有不俗表现。

诚然，大数据应用必然需要海量数据，其中包含大量个人信息甚至个人敏感信息，无论出于安全或便利考虑，隐私保护仍然十分必要但将面临严峻挑战。目前个人健康、金融领域、定位系统、电力使用、在线活动等大数据应用中涉及的个人信息在不断增多，海量信息被悄无声息地采集、传播、分析、共享，人们对其个人信息将失去控制产生极大担忧。大数据时代，人们不禁会问"隐私"何在？对此，主要有三种代表性观点：一是"隐私已死"或"隐私正在消亡"。该观点主张，大数据时代隐私保护应让位于技术应用，以摆脱对技术创新的桎梏。这是一种以技术为中心的世界观，蕴含着强烈的"技术正确主义"。二是"隐私自我管理"。爱德华·斯诺登（Edward Snowden）对美国国家安全局（NSA）监控规模的曝光，揭示了"无处安放的互联网隐私"问题。所谓"隐私自我管理"，其出发点是将隐私视为管理信息流的规则，并且把信息人为分成"公开信息"和"不

① 参见吴湛微、禹卫华：《大数据如何改善社会治理：国外"大数据社会福祉"运动的案例分析和借鉴》，2016 年 1 月 26 日，见 http://theory.people.com.cn/n1/2016/0126/c83863-28085644.html。

公开信息"，在二元化语境下对隐私加以诠释。三是"隐私非二元论"。此观点是在承认隐私活跃的前提下，对"隐私自我管理"观点的质疑。"隐私非二元论"认为，为了实现大数据的更大效用，信息必须被设计共享，这与隐私的二元观念相悖。总之，大数据背景下随着信息共享和二次使用的需求不断增加，"隐私"的界限越来越模糊，"隐私自我管理"被打破了，大量私人信息被秘密收集和使用必然会给信息"所有人"带来损害。①

传统法律将隐私权视为人格权，美国一直在隐私法框架下对个人信息进行保护，而我国《民法典》延续了《民法总则》的规定，将个人信息保护纳入人格权范畴②。根据《民法典》第一千零三十二条第二款的规定，"私密信息"为"个人信息"中的非公开信息，属于个人隐私范畴。明确对个人信息及隐私权的保护，对于保护公民的人格尊严，使公民免受非法侵扰，维护正常的社会秩序具有现实意义。③但大数据背景下，传统隐私规则对个人信息的保护显得力有未逮。有种观点认为，在大数据和其他信息技术的共同作用下，通知、选择和用途限制等隐私保护机制已基本失效。例如"物联网"，即不断增长的智能连接设备网络，其依赖于数据捕获、共享和使用，包括个人身份

---

① 参见高莉：《大数据伦理与权利语境——美国数据保护论争的启示》，《江海学刊》2018 年第 6 期。
② 我国《民法总则》第一百一十条是"一般人格权"条款，第一百一十一条"具体人格权"条款明确规定了个人信息保护。参见张新宝：《我国个人信息保护法立法主要矛盾研讨》，《吉林大学社会科学学报》2018 年第 5 期。
③ 参见张新宝：《〈中华人民共和国民法总则〉释义》，中国人民大学出版社 2017 年版，第 220 页。

数据和全时空性的行为数据。若每次进行数据收集时都提供通知和选择是不切实际的。[①] 随着大数据驱动经济社会发展的时代到来，传统的知情同意规则将面临破窗式挑战，其适用局限性来源于技术和规范两个层面的影响：技术层面上，大数据是数据自动化采集技术发展的必然结果。大数据技术通过数字网络将传感器、其他设备以及人连接起来，使数据收集呈现自动化、隐匿性特征，增加了知情同意规则的适用难度；再者大数据的技术力量来自数据集的二次利用，从而产生无限多样的对未来情势的预判和见解，但数据共享和流通过程中数据集将在多大范围内流转并不确定，这极大地阻滞了知情同意规则的适用。规范层面上，我国《网络安全法》第四十一条规定，网络运营者收集、使用个人信息，应当遵循合法、正当、必要的原则，公开收集、使用规则，明示收集、使用信息的目的、方式和范围，并经被收集者同意。根据《民法典》第一千零三十五条之规定，处理个人信息应符合以下条件：征得该自然人或者其监护人同意，但是法律、行政法规另有规定的除外；公开处理信息的规则；明示处理信息的目的、方式和范围；不违反法律、行政法规的规定和双方的约定。相较而言，《民法典》强化了个人信息和隐私权保护，但其规定仍过于笼统，尚未明确知情同意规则的适用范围、适用方式、法律责任等，也未界分普通个人信息与私密信息而细化知情同意规则的适用标准，导致知情同意规则的虚置化。

　　上述分析可知，大数据技术对隐私的负面影响日益凸显，几乎所

---

① 参见［美］马克·罗滕伯格等：《无处安放的互联网隐私》，苗淼译，中国人民大学出版社 2017 年版，第 170 页。

有人的隐私都在大数据的快速发展和广泛应用中无处遁形：一个技术安全漏洞（bug）将造成不计其数的个人信息记录全面泄露，大数据监控系统能够做到从海量相关数据中精准识别目标，也可以追踪个人物理空间和日常生活，等等。特别是，随着数字科技的深度融合，算法泛在趋势将引发以全时空、不可控、不可预知等为时代表征的数据隐私风险，并进一步演化出群体样态的隐私问题。与个体相比，群体隐私风险呈现出隐秘性、复杂性及影响范围广、危害大等特点，更易形成与数字人权的对峙；同时群体隐私问题关涉数据隐私保护整体水平，关系集体利益与公共利益的适度平衡、数字技术创新应用与隐私安全的高度协调及中国法学界在国际社会的话语权提升，成为亟待理论研究和实践回应的重要议题。大数据所引发的新型隐私风险亟须信息学、法学、社会学等各领域的广泛关注和社会对话。

二、大数据促发身份识别问题

目前大数据不仅在政务服务中有广泛应用，还在国家安全、公共安全、社会治理等方面有极大的发展空间，即大数据在数字社会、数字政府建设及数字化治理中的作用日益凸显。譬如，为防范恐怖主义和网络威胁，政府相关部门可以利用大数据监控，收集和共享公民的日常生活信息，并对个人身份进行识别。又如基于新冠肺炎疫情防控需要，"清单式"扫码监测等大数据手段助力防控的同时，意味着数据监控规模的扩大。大规模的数据监控则预示着，个人生活及身份在信息共享社会中处于非保密状态，这极易引发连锁效应，出现公民隐私权"裸奔"等情形。更令人担忧的是，在万物互联语境下，公民除身份识别上的妥协外，对揭示个人身份的累积效应将会是什么，根本无法预知。

在数字经济发展中，身份识别问题依然不可避免。作为消费者，我们的身份越来越受到数据控制者对大数据推断和臆测的影响。通常情况下，数据控制者在应用大数据和使用个人信息时，有义务保护个人身份信息。然而，由于数据控制机构能够接触到大量元数据计算机，以及掌握大数据技术分析的手段和诀窍，消费者难以感知数据控制者收集和利用个人信息数据的阶段和方式，传统知情同意规则无从适用，因而数据利用的目的、方式和范围等可能违背消费者意愿，由此以牺牲个人身份为代价的风险将进一步增加。

随着大数据应用越来越广泛，我们的身份将越来越受到大数据分析、预测和推断的影响。正如安全专家布鲁斯·施奈德（Bruce Schneier）描述的那样，像 Google、Facebook、苹果和亚马逊等公司设计并控制了消费者使用的电视、手机、电脑、电子阅读器等各种界面，每一次互动都将记录在册，创造出无数的详细访问历史。[1] 瑞安·卡洛（Ryan Calo）进一步描述，数据控制公司可以通过个性化交互来塑造消费者的身份，极大地提升公司影响和引导消费者的能力。[2]

---

[1] 参见 Michael Eisen, "When It Comes to Security, We're Back to Feudalism", *Wired*, http://www.wired.com/2012/11/feudal-security/。

[2] 参见 Ryan Calo, "Digital Market Manipulation", *The George Washington Law Review*, No.3 (2014), pp.995–999。

身份意味着，它可以指特定的人或与特定的人关联的信息。身份认同是通过基本权利来定义的，因而身份与隐私权密切相连，即保护隐私尤其是数据隐私，通过赋予个人数据（信息）处理的自决权，有助于保护身份。然而在大数据时代，隐私保护并不充分，大数据分析可以让管控变得温和，甚至在个人自决权行使之前身份已被掌握甚至揭露。譬如 2019 年 12 月 20 日《纽约时报》报道，由于特朗普随行人员的位置数据、行为数据等被泄露，导致特朗普的身份被揭示。在大数据背景下，巨量数据聚集会形成个人数据"画像"，使身份识别变得轻而易举。正如保罗·奥姆（Paul Ohm）指出的那样，"电子身份识别科学颠覆了隐私政策，破坏了我们对匿名化的信仰。科学家已经证明他们可以经常对匿名数据中隐藏的个人信息进行再识别和重新匿名处理，其容易程度令人吃惊"。大数据所带来的便利性需要以提取大量个人信息为代价，在某些情况下还需识别个人身份，并不可避免地共享信息。随着越来越多的政府、企业或其他机构应用大数据技术，人们的身份将越来越受到各种预测和推断的影响。

综上，身份识别技术对推动大数据应用的拓展和延伸具有重要作用，而由此带来的身份认同和保护的破坏也不容小觑。无论数据共享还是数据流通，都存在身份识别的可能应用和法律风险。我国已将大数据上升为国家战略，并正在加速建设数字中国，大数据作为数字经济的关键生产要素和国际竞争的核心战略资源，促进大数据发展必然是大势所趋。但为保障大数据健康有序发展，就必须以保护个人（身份）信息为中心，规范数据利用行为，力求实现社会利益与个人利益的平衡。

三、大数据诱发透明度悖论

大数据的威力来自数据集的二次利用和无限可能的推断结果。随着大数据算法和人工智能的发展应用，人类自决权部分移转给"大数据"，用大数据自动化决策替代人类自决，由此个人自决权将受到极大压制。约瑟夫·图罗（Joseph Turow）在《如何定义你的身份和你的价值》一书中提到，基于不透明的公司分析算法，构成了对开放社会和民主演讲的风险。他解释说，通过将个人"归类"到预先确定的分类中，自动决策将社会变成了志同道合者的"口袋"。有研究提出大数据的"透明度悖论"[1]，即某些机构为了执行任务或提供服务，会运用法律和商业秘密武器来隐匿其收集的数据及其行为，因而如何发现数据及其收集行为并要求他们实现透明度呢？

不可否认，大数据预测分析在政府执法、信用审查、精准营销等方面非常有用，其有助于提高预测分析的精准度和有效性。以精准营销为例，据统计表明，企业借力大数据、人工智能等技术，特别是开展 AI 电话大批量拨通业务，现阶段能够保证每天每条线路拨打电话 2000—3000 人次，电话接通率达到 35% 以上，数据信息合理转换率达到 5%—10%，有助于精准找到目标客户并运用 CRM 管理信息系统，进行客户跟进、定期回访、免费维护等，助力企业销售业绩大幅提升。大数据预测分析主要依赖于算法技术，而算法缺乏必要的透明度和解释力，使"算法黑箱""算法独裁"的负面效应日益放大，

---

[1]　Neil M. Richards, Jonathan H. King, "Three Paradoxes of Big Data", *Stanford Law Review*, Vol.66, 2013，pp.41–46.

加之算法的泛在化趋势影响，可能诱发更多的数据伦理风险及法律问题。

在商业领域，基于敏感数据信息的预测分析，个人隐私将可能被揭示和暴露；对于非敏感信息的预测分析，可能会固化旧有的观念和看法，譬如基于对富人和穷人的大数据分析，富人将会获得更多的机会和更好的发展，而穷人则相反。此外，大数据技术使歧视变得更加隐秘，以种族歧视为例，过去此类歧视通常是相当明显的，如因消费者肤色而拒绝出售商品。相较而言，大数据的算法歧视通常在线上自动作出，受歧视者并不易察觉。

在执法领域，大数据预测分析可能使调查前置，甚至违背人权意识和现行法律规范，对"思想"而非"行为"予以规制。如电影《少数派报告》（*Minority Report*）中，警察利用大数据分析，对有犯罪前科的刑满释放人员未来犯罪概率进行预测，从而监控其行为甚至提前"逮捕"。

在司法领域，倘若人们的个性特征通过大数据分析进行相关性评估，从而在线上作出违反公平性的决策，对当事人或法院而言，往往是难以取证的。而且这种不公平性或歧视是由数据驱动的，通常不涉及意图，给法律定性也带来了一定难度。此外，由于大数据自动化分析和过程的不透明，贬损了正当程序（如履行告知义务）的价值蕴含，使受影响的当事人对权利救济丧失了应有的洞察力。

概言之，数据收集、分析、决策标准和过程等不透明是影响数据准确性、完整性以及决策正确性的重要因素。其中有关数据准确性的评价，不仅蕴含了对原始数据的准确性判断，更重要的是对数据分析过程和结论的准确性进行评价。因为大数据分析是一个解释性过程，完全无害、准确的原始数据也可能导出不准确、不可操作、偏见甚至歧视、违反公平性的结论，其影响因素包括个人身份、价值观念等。正基于此，对数据分析过程的评价就需要透明度原则及制度予以支撑。本质上，透明度原则及信息披露制度有助于修复技术与法律之间的断层。信息自决权应当赋予每个个体，公平正义程序蕴含着个人有权知晓影响自己生活的大数据决策，即数据控制者有相应的告知义务或信息披露义务。透明度的主要效用包括：事前，有利于阻止不道德及敏感数据的使用；事中，有利于避免数据使用目的发生变更①；事后，有利于减轻对错误推断的忧虑。

故此，透明度是大数据时代不可忽视的伦理价值观，在制定规则中必须予以关照，否则不仅可能造成决策结果的不公平、不正义、偏见或歧视，还可能形成数据隐私与商业创新、个人利益与公共利益等多元利益冲突。而为避免陷入"透明度悖论"，大数据生态中透明度实现与界限之间张力的合理调适值得研究，且相关问题涉及大数据创新及知识产权，故此本书后文将以专章形式进一步探讨。

第二节　大数据发展的多维反思

近年来，"大数据"已然成为重要的国际战略资源和强力的经济

---

① 比如，数据被用于社会不可接受之用途。

社会发展引擎，为传统产业转型升级赋能，为数字经济发展提供支撑。在大数据、云计算、物联网、人工智能等信息技术推动下，数字经济会产生正向溢出效应。伴随着大数据的发展和应用，数据收集、存储、挖掘、综合和分析使人们能够实时利用海量数据，以便学习和掌握更多新的知识和信息。从某种角度来看，大数据是一个游戏规则的改变者，它允许规则化、定制化算法决策，从而降低风险和提高性能。然而，目前有关大数据发展方面的研究缺乏系统性理论支撑，尤其是大数据市场的经济学分析较为缺失，不利于更好地推动大数据创新发展。因此，我们首先应以经济学为视角，廓清大数据发展脉络，以免陷入某些认识误区。

一、大数据核心价值不在于数据本身

正如前文所述，大数据包含数据收集、存储、分析、使用等价值链，每个价值链对大数据的效用和价值都有一定影响。关于大数据效用，很大程度上取决于数据范围和广度。数据可以通过数字或非数字工具进行收集，如将数以万亿计的传感器安装在互联网、物联网等设备上，并遍布全世界，由此收集巨量的数据信息。许多人奉行"数据宗教"，崇尚数据共享和透明，所遵循的逻辑是"数据越透明越好"，加之许多用户为获得某种服务愿意以共享个人数据为对价，这进一步增加了可以收集的数据量。相应地，人们对数据共享和流通的需求又推进了实体的创建，这些实体就是数字企业，即专门从事大数据的收集、管理、分析和可视化，并直接使用或代理使用数据的企业。如今，除数字企业利用大数据来争夺用户外，传统企业也通过数字化转型来获得大数据红利。"十四五"规划中明确指出，数字经济发展包含数字产业化和产业数字化两个基本方向。在大数据市场，数据和信息①已成为宝贵的生产要素和战略资产，而数据获取能力必然是赢得竞争比较优势的重要条件。简而言之，谁拥有更多的数据特别是最新数据，谁拥有庞大的数据库，谁拥有独特的数据合成和分析工具，都将成为大数据市场竞争的关键因素。

　　人们不禁会问，大数据价值究竟体现在哪些方面呢？笔者认为，主要体现在以下三个方面：一是交换价值。由于大数据中存在交换价值，不论于政府、于企业还是于个人而言，都可能从中受益。譬如企业应用大数据，以提供免费产品和服务来换取提升获取用户数据的能力，进而获得相关市场优势，可见企业和个人均能从大数据商业应用和数据交互中受益。二是工具价值。基于大数据为现代经济社会发展提供了重要的决策手段和工具，无论对于商业机构还是政府机构都有着积极的应用需求。如商业机构，它们能够利用大数据创造更好的产品或服务，通过目标消费者的显示性偏好数据，创建和定制相应的产品广告并向其推送，提高产品和服务营销的精准度、靶向性，同时对消费者的价格歧视还可能变得更为隐秘。又如政府机构运用大数据技

---

① 在数字化条件下，个人数据与个人信息构成一体两面关系，两者概念区别在于：个人数据是"机器可读"的二进制编码符号，更体现经济价值；信息则是以电子或者其他方式记录的能够单独或者与其他信息结合识别特定自然人身份或者反映特定自然人活动情况的各种信息，更体现人格属性。实践中，由于大量数据容易被识别而形成文字信息，故常常出现数据与信息概念混同的情形。

术，提高政务服务效能，推动治理体系和治理能力现代化，如预防或减少公共卫生、生态环境、就业、交通等方面问题及其影响。三是福利价值。以社会公众为例，我们已进入"无数字、无生活"的时代，人们正享受着大数据技术带来的个性解放、生活便利、文化多元、社会安全等福利。质言之，大数据为社会、政府、企业、个人带来红利的同时，也将为国家创造出比较优势。

由上述分析可见，大数据核心价值往往不在于数据本身，关键是通过数据分析将非结构化比特和字节转换成信息及派生信息，从而使数据变得有价值。具体来说，一方面，应用推理机制来创建无法直接从数据收集中获得的新信息，从而将其转化为具有可操作性的信息，包括可描述性和可预测性信息；另一方面，快速推进数据科学技术发展，如自然语言处理、模式识别和机器学习，与传统工具（如数据统计）一起使用，从数据中挖掘有价值的信息，再借力反作用，创建一个激励创新、良性循环的数据收集、数据合成和数据分析的闭环。当然，对大数据具体价值的衡量必然涉及成本与收益的命题，除与数据来源及数量、投资成本①、机器学习工具等紧密相关外，还会受到以下因素影响：数据收集公司是否为用户提供防止非法收集个人数据的选项，这将影响数据量和投入成本；法律是否支持数据可移植性以及数据访问权的行使，这将影响数据共享和流通的效率；等等。

---

① 包括数据收集处理的投资、支付的价格等。

二、大数据发展有赖于深入的经济研究

鉴于大数据在现代知识经济中的核心作用，分析大数据的市场运作方式以及它如何影响社会福利是至关重要的。然而，尽管在公共政策问题上已有大量研究成果，却没有真正尝试去深入分析大数据市场的经济特征。相反，大多数分析是基于对市场如何运作的广泛而未经证实的假设。塔克（Tucker）和韦尔福德（Wellford）认为，由于数据的非排他性和非竞争性等特性，以及收集大数据的便利性，大数据（市场）并没有形成重要的进入壁垒（barriers to entry）。根据经济学原理，进入壁垒是指产业内既存企业对于潜在进入企业和刚刚进入这个产业的新企业所具有的某种优势的程度。可以说，进入壁垒的高低是影响该行业市场垄断和竞争关系、市场结构的重要因素之一。也有学者指出，大数据造成的损害主要是对隐私的伤害。这些观点意在表明，对大数据进行经济学研究尚无必要。然而莫里斯·E. 斯图克（Maurice E. Stucke）、艾伦·P. 格鲁内斯（Allen P. Grunes）等学者对上述结论提出质疑并声称，目前研究仍缺乏对大数据市场进行深入的经济学分析。经济合作与发展组织（Organization for Economic Co-operation and Development, OECD）的一份报告提出，大数据市场很可能集中在一起，从而形成"赢家通吃"的情景。这份报告提醒人们要重视大数据市场的经济分析，令人遗憾的是，这份报告并不是基于深入的经济分析作出的，这使所得结论的说服力大打折扣。事实上，在 Stucke 和 Grunes 的《大数据与竞争政策》中明确提出"数据的经济学"概念，这是基于对大数据网络效应的关注而提出的，同时他们指

出,"对竞争损害理论的学术理由还没有充分确立"。根据 Stucke 和 Grunes 的研究,大数据有利于提升市场集中度和市场主导地位。但在大数据市场中,网络效应并没有达到一致的程度。Stucke 和 Grunes 的研究重点在于数据收集,因而存在一定的局限性。

大数据市场特征是竞争和垄断分析、社会福利评价等的关联性因素,因而准确把握大数据市场特征具有重要的理论价值和现实意义。鉴于大数据对经济的推动作用以及大数据所引发的广泛规范性问题,当前对大数据发展的认知水平和研究现状亟须改进与突破,这种需求可以从"科林格里奇困境"(Collingridge's Dilemma)理论中得到强化。根据英国技术哲学家大卫·科林格里奇的研究发现,一项技术的社会后果不能在技术生命的早期被预料到。然而,当不希望的后果被发现时,技术却往往已经成为整个经济和社会结构的一部分,以至于对它的控制十分困难。"'科林格里奇困境'呈现出了权力、知识、时间三个维度,通过分析发现,'科林格里奇困境'暗含的前提是技术与社会的二元对立。"[1] 关于如何突破技术与社会的二元对立,有人提出可以"在技术发展过程中引入伦理因素予以解决"[2],当然还可以在技术发展过程中引入经济、法律、公共政策等因素予以解决。基于大数据价值链及市场进入壁垒等已成为数据驱动经济的关键性问题,大数据市场的经济研究具有极其重要的意义。大数据市场由数据价值链

---

[1] 陈凡、贾璐萌:《技术控制困境的伦理分析——解决科林格里奇困境的伦理进路》,《大连理工大学学报(社会科学版)》2016 年第 1 期。

[2] 陈凡、贾璐萌:《技术控制困境的伦理分析——解决科林格里奇困境的伦理进路》,《大连理工大学学报(社会科学版)》2016 年第 1 期。

上的四个链接共同形成，包括数据收集—数据储存—数据分析—数据使用全周期。其中，数据收集直接关联原始数据，与数据的提取技术相关；数据存储涉及数据的转换、加载和存储等工具，这些工具对于在数据库中组织数据非常重要；数据综合与分析涉及不同类型的数据集成及分析处理，用于相关性的发掘；数据使用则涉及在相关市场利用数据信息作出的决策。

综上，大数据创新与发展根植于大数据市场这一土壤，在很大程度上取决于大数据市场特征。大数据市场特征及发展趋势关涉大数据竞争和垄断分析，关涉大数据带来的整体社会福利评价，关涉大数据创新动力和活力，同时大数据市场与其他要素市场相连接，也具有一些共性特征，这些问题都有赖于经济学的深入研究。本书并非专注于经济学研究，只是为研究大数据创新发展问题，以及厘清知识产权保护与大数据垄断之间的关系，进行探索性研究，因而仅展现了对大数据市场竞争关系之经济分析的一个侧面，期待更多经济学领域的专家学者建立完备的经济学理论体系，故对后续研究及纠正本书提出的观点持开放态度。

三、 大数据市场进入壁垒存在于全价值链中

所谓"市场进入壁垒"，也称为"进入壁垒"，通常是指进入或扩大相关市场的壁垒。研究发现，大数据的所有价值链上都存在进入壁垒，且这些壁垒分别来自技术、法律、行为，以及它们之间的组合。在现实中，对大数据价值链上的进入壁垒存在一些认识误区，亟

待予以厘清：第一，无论是价值链上各部分的壁垒还是各部分组合的壁垒，都会对竞争产生累积的负面影响。与此同时，如果链条的某个部分存在高进入壁垒，它也可能部分地被其他价值链上的优势所抵消。例如，优良的算法设计可以一定程度上抵消数据数量不足带来的劣势。第二，通常情况下，大数据市场进入壁垒与大数据独有的特征相关，然而还有一些障碍则来自双边市场或与网络经济相关，后者更为广泛。第三，市场壁垒的存在和强度可能因大数据的应用场域不同而有所不同，这取决于大数据特定市场及其相关特征。因此，为了评估这些壁垒的表现与影响，我们需要了解作为每个特定市场的输入数据的独特特征，以及数据信息到达消费者的方式。比如，为了确定任何给定时间的最优交通路线所需数据的速度，与确定购物的趋势所需数据的速度有很大的不同。在规模经济前提下，公司可能会受益于网络数据，从而可能增加网络之外的机构的进入壁垒。对大数据市场的分析和研究，如果抛开大数据的应用背景，都是不甚准确或存在问题的。第四，大数据本质上是非竞争性的，同样一组数据可以同时被不同的主体通过类似或不同方式收集，故有人认为大数据市场存在低准入门槛。这样的观点是比较片面的，理由主要有两点：其一，在大数据市场，数据收集只是数据价值链的一部分，进入壁垒经过不同数据价值链会产生累积效应，从而形成高进入壁垒；其二，尽管就数据收集者而言，似乎并不必要创建一个高进入壁垒，但事实上某些类型的数据收集仍然存在高进入壁垒。因此，对于大数据市场及进入壁垒的分析重点不应局限于数据收集阶段，除非它是唯一相关的活动。第五，数据价值链上任何部分的进入壁垒强度可能会影响其他相关部分的壁垒强度。例如，某个障碍的降低可能会导致公司产生在数据价值链的其他阶段设置更高壁垒的动机，以保护其基于数据所获得的市场优势。此外，如果在价值链上某一部分存在高而持久的技术进入壁垒，人们可能会呼吁为了隐私保护或其他社会目标，而在同一价值链上设置一定高度的法律壁垒。第六，基于商业动机，相关商业机构可能会采取多种策略来建立进入壁垒，以阻止其他竞争者进入数据市场，获得与其相当的大数据市场优势。

总而言之，大数据市场存在来自技术、法律、行为等各方面的进入壁垒，且在数据价值链上任何阶段都可能产生壁垒，同时进入壁垒会形成累积效应，因而很大程度上影响了大数据市场的竞争和发展。上述观点尚未展开论述，是由于下文将涉及相关问题的详细分析，故该部分仅进行了观点罗列。

第三节 大数据市场壁垒的本源性反思

在这里，大数据发展壁垒主要指进入壁垒，包括结构性进入壁垒和策略性进入壁垒。① 大数据发展壁垒与大数据特征相关，同时与其他相关市场存在关联性。现如今，各个相关市场都存在数据输入，而

---

① 结构性进入壁垒是指由产品技术特点、资源供给条件、社会法律制度、政府行为，以及消费者偏好等因素所形成的壁垒；策略性进入壁垒是指产业内在位企业为保持在市场上的主导地位，利用自身的优势通过一系列的有意识的策略性行为构筑起的防止潜在进入者进入市场的壁垒。

作为市场输入的数据的具体特征会影响进入壁垒的高度和类型。由此，研究大数据市场的进入壁垒，应当结合大数据特征，并对进入数据价值链各阶段的技术、法律、行为等因素进行综合评估与分析。绝大部分壁垒分布于数据价值链的各个环节，也有部分壁垒存在于数据可携带（可移植）权行使过程中。欧盟《一般数据保护条例》（GDPR）已明确规定了数据可携带权，意在增强数据主体对个人数据的控制权。数据可携带权是一项极富争议的权利，本书后文将详细论述。但不可否认，数据可携带权对数据主体行使访问权具有重要意义。同时由于数据的非竞争性，数据可携带性可能成为数据市场中"有效竞争"的关键因素。需要强调的是，本书对大数据市场进入壁垒的分析，是基于大数据发展视角，无论这些壁垒是否可以被抵消，还是能够通过监管手段加以克服都在所不问，因为大数据发展是大数据产权保护的核心价值之一。

一、技术壁垒分布于数据价值链各个阶段

通常意义上，技术壁垒是指科学技术上的关卡，即指国家或地区政府对产品制定的（科学技术范畴内的）技术标准，包括产品的规格、质量、技术指标等。而此处所称"技术壁垒"主要是指由数据收集、存储、分析、使用价值链的不同特征所决定，在技术上形成的大数据市场进入壁垒。从进入壁垒的分类来看，技术壁垒、法律壁垒属于结构性进入壁垒，其中技术壁垒与规模经济、绝对成本优势、产品差别等有关。大数据创新发展研究应根植于大数据市场，并以大数据

内在属性和大数据市场的竞争状况为客观基础。大数据市场的结构性进入壁垒则是大数据发展、产权保护、反垄断规制等的重要影响因素。

在数据收集阶段，人们常常认为，由于数据的非竞争性及数据来源丰富，许多公司能够极其容易且成本低廉地并行收集数据。这种认识存在一定偏差，因为数据可分为公开数据和非公开数据，相对而言，公开可用数据的获取性高、收集成本低，如智能手机上的许多APP 程序能在极低成本下同时观察到此类数据；对于非公开数据的收集，则取决于数据挖掘技术、提取方法、用户授权与否等综合因素。通常数据的高聚合，有利于降低数据替代性成本，进而消除技术壁垒或减少其影响。人们往往从不同的数据源收集数据，从而在同质数据源之间进行简单替换。例如，若需要确定驾驶员在夜间无路灯道路上的平均行驶速度，相关数据收集可以从不同地点和收集器完成。如果收集替代数据的成本不高，那么数据替换就没有障碍。当数据替换成本低廉时，技术壁垒就可以忽略不计。尽管如此，仍有许多技术因素成为进入大数据市场的"拦路虎"。一是数据访问点的影响。独特的数据访问点可能会导致数据无法轻易复制，由此产生技术壁垒，主要有以下三种情况：第一种情况，如果数据访问点是由特殊的数据交互而创建的，那么就可能产生壁垒。以 Facebook 为例，其通过网站上发布的信息，对情感表达如何影响人们的行为进行相关性分析，这样的访问点创建是较为特殊的，其他公司想复制此类交互数据并不容易。访问点的创建是数据收集器的重点目标，它能为原始企业带来数据收集上的便利，但独特的数据访问点将会为新进企业增加竞争壁垒。第二种情况，某些技术壁垒与数据收集时间有关。当一个数据收集器对数据收集的重要时间节点拥有独特"知识"和洞见力，相比其他收集器而言，它就获得了相应的时间优势。譬如某个搜索引擎可以很容易地识别出正在积极搜索某个产品的消费者，它在相应的数据收集上就处于领先地位，以此达到设置技术壁垒的效果。第三种情况，数据收集的独特网关也可能建立技术壁垒。例如，当手机成为使用互联网的主要设备时，手机运营商就容易在数据收集中创造技术优势，而排除其他竞争者（如计算机生产者）进入相关市场。网关屏障还来自预先安装的应用程序，这些应用程序被用于数据收集，由于默认选项和用户现状的偏差，使得其他应用程序难以替换它们。举例来说，当一个数据收集服务应用程序（如 Android）被预先安装在某个主要平台上，其他数据收集器便很难再进入该平台，从而形成了一个入口壁垒。二是规模经济和范围经济的影响。从经济学角度看，新进入市场的企业必须具有与原有企业一样的规模经济产量或市场销售份额，才能与原有企业竞争，才能进入市场后在行业中立足。而对于原有企业而言，为了保持规模经济和范围经济，它们可能为新进企业设置技术方面的障碍。在大数据市场，新进企业若无法达到最小可行规模①或市场上已存在大量"学习型"企业，而其所提取的数据又不能在其他市场上重新部署，就可能受到技术壁垒影响，最终退出市场竞争。值得注意的是，在数据收集中规模经济和范围经济也会受各种潜在的累积因素影响，包括网络爬虫、访问点、cookie、监视和数据提取等

---

① 为了获得具有竞争力的回报率所必需的规模。

技术设备的创建成本，即使数据提取的成本可能很低，为数据收集提供基础设施的投入成本及管理成本也不容忽视，这常常会产生很高的固定成本。三是大数据特征的影响。除了传统的规模和范围经济外，技术壁垒还与数据的体积和变化有关。数据收集的速度可能会创造出所谓的"速度经济"，譬如 Nowcast 模型通常利用数据收集速度来即时识别行为趋势。由于大数据的多变量性质，大数据特征对经济的影响程度各不相同。例如，Google 能够预测汽车销售、失业索赔和旅行目的地规划，这要感谢它的用户在特定地理区域输入的查询数量和类型，从而获得了时间上的优势。在某些情况下，大数据"4V"特征可能相互抵消，正如多样性可以弥补较小体积带来的劣势，这些特征在数据价值上的权重也将由市场最终决定。本书关注的重点是，在什么情况下技术壁垒将转化为持久和巨大的市场支配力量，从而限制大数据市场的竞争。对该问题的回答，仅停留在数据收集阶段是不够的，必须将其他阶段的技术壁垒结合起来，综合分析和评价。

在数据存储阶段，从根本上说，存储技术屏障主要来自以下三方面因素：首先是硬件存储空间。过去，如果一家公司在硬件上没有足够的空间存储数据，那么它便面临着一个较高的技术壁垒；如今，硬件和软件的进步大大减少了这一问题。相较过去，今天的计算机不仅有了更好的存储能力，更重要的是软件解决方案在很大程度上也可以促进硬件问题的解决，如云计算的创建和互联网的强大，都为企业提供了可以租用计算机存储空间的系统。此外，公司可以在任何地方上传和下载数据，只要它们事先同意使用其他公司的存储容量。但相对于数据数量的无限扩大，存储容量的限制仍然是不可避免的壁垒问题。其次是存储成本。尽管数据存储方面的技术进展会大大降低存储成本，但面对数据数量呈几何级数增长的趋势，存储成本问题依然存在。最后是软件存储能力。一方面，软件存储能力的提高会使存储成本稳步下降，如目前有很多开源软件（如 Cassandra、HBase 等）均可以免费用于数据存储和访问；另一方面，软件存储能力与数据管理能力相关联，如近年来软件定义存储发展迅速，已成为大型数据中心青睐的数据存储方式。基于软件定义存储开放、高灵活性、高性价比等特征，将助力更多客户打造弹性、安全、可用、开放的基础架构，进一步驱动数据中心基础设施的变革。概言之，软件存储能力的不足，将制约数据管理能力和数据驱动价值的提升，从而影响大数据市场竞争。

在数据分析阶段，所特有的进入壁垒均来自技术本身。首先是数据兼容性和互操作性。通常数据控制者会按照自己的需求和偏好来组织数据，独特的数据组织可能会造成对其他数据使用或合成的障碍。数据兼容性和可操作性取决于两个方面：一方面，数据集的相关性和可信度。这与大数据透明度有关，具体来说，除非我们知道数据集合中每个"标题"代表什么，以及数据分析的过程，才能确定彼此相关性以增强可信度。事实上对外部"观察员"而言，数据机构很少提供透明度实现机制，以至于数据集犹如"黑匣子"（blackbox），对外充满隐秘性。质言之，数据机构是不会共享其数据转换过程及相关数据的，这必然造成对数据可携带性和互操作性的限制。另一方面，即使所有的数据参数都是已知的，数据组织方式也会产生相应壁垒。倘若数据库中包含大量参数，且在不断更新的情况下，所造成的技术壁垒尤为明显。其次是数据分析工具。用于协同分析大数据的算法技术，由于自身的复杂性并缺乏相应的解释力，算法可用性和质量都易形成技术壁垒。事实上，即使数据分析工具可供所有人使用，也不是每个人都能使用的，这很大程度上取决于掌握数据分析技术的水平和能力。此外，由于大部分原始数据、图像和视频是非结构化的，故获取知识的工具会发挥重要作用。近年来，自然语言处理、模式识别和机器学习等人工智能技术的快速发展对数据分析具有积极正面的影响。企业之间数据科学工具的差异，尤其是在分析数据和决策质量效率方面的优势，可能为某些公司创造市场比较优势。在实践中，大数据分析机构往往在开发或购买高级算法方面投入大量资金，因而分析进入壁垒及市场竞争优势时，应将上述因素考虑在内。数据协同作用与市场比较优势呈正相关关系，即数据协同作用越大，获得的比较优势就越巨大。与此同时，随着数据分析技术的发展进步，算法成本会稳步下降，意味着数据密集型分析工具的使用比传统分析工具更具有效率和节约成本。观察发现，数据的质量和算法的质量之间同样存在相关性，这是由算法的反馈环路和潜在的未来变化所决定的。

在大数据使用阶段，技术壁垒主要表现为无法定位和触及相关消费者而导致的进入壁垒。假设一家公司的优势在于其拥有独特的数据集，从而拥有一流的信息，但由于其竞争对手控制了相关消费者的使用平台，致使它无法与这些消费者建立联系，因而该公司仍然无法获得由独特数据集所带来的比较优势。从实践来看，无法定位和触及相关消费者又可细分为两种情形：一种是数据控制者不能轻易找到可能从数据集中受益的消费者；另一种是消费者被其他数据集所吸引，这种情形往往是由于后者更关注消费者的位置和偏好所致。

综上所述，技术壁垒分布于大数据价值链各个阶段，大数据价值链的不同阶段和不同特征在一定程度上决定着技术壁垒的表现方式和高低，进而影响大数据市场的竞争状况。尤其是在数据收集阶段，技术壁垒还受规模经济、范围经济、网络效应及大数据特征等影响，经营者可以充分利用这些因素和手段在大数据市场获得或维持市场支配地位。在笔者看来，数据收集是大数据价值链的初始阶段，在此阶段，数据的主要特征为非竞争性和游离性，而不具有排他性①，故研究重点应放在经营者滥用市场支配地位的行为界定和法律规制上。

二、法律壁垒依系于利益最大化目标

在大数据市场进入壁垒中，法律壁垒扮演着越来越重要的角色。法律壁垒的内在逻辑为，基于保护隐私、保障客观化公平性和限制歧视性等广泛目标，通过控制获取数据的范围及方式、数据使用方式等，以使利益相关者承担法律运行成本。法律壁垒主要对数据收集和数据使用产生影响，这很大程度上取决于立法的范围、立法是否体现财产性规则及其责任原则。在数据收集阶段，法律壁垒包括直接壁垒和间接壁垒，前者针对自行收集数据的情形，后者针对数据转移的情形，包含对数据可携带性的自定义限制。这些法律壁垒增加了数据收

---

① 这里的"排他性"主要针对数据本身。至于数据主体对个人数据除隐私权外，是否具有数据所有权、数据可携带权等尚需理论与实证研究。但可以肯定的是，在数据收集阶段数据控制者（经营者）对收集的个人数据并不具有排他权。

集者的法律风险，如一旦数据库被揭示给其他实体，数据收集者将会更容易受到关于其数据收集活动是否违法的指控。在数据使用阶段，法律壁垒通常是为了保护用户隐私、知识产权、公众利益等设计的法律限制。

第一，基于隐私权的法律壁垒。随着大数据时代的到来，尤其在互联网、大数据、人工智能等技术叠加影响下，对"隐私无处安放"的担忧将进一步被放大，因而数据隐私权保护成为各国大数据立法关注的重点，将个人数据纳入隐私法保护也是现行立法中最为普遍的做法，同时越来越多的司法实践也适用隐私法对数据收集和数据使用活动施加限制。在数据收集价值链上设置有关隐私保护的法律壁垒，主要基于以下考虑：首先，数据收集可能损害数据主体（用户）个人或群体隐私，这是一种家长式的法律考量；其次，消费者在使用不侵犯其隐私的产品和服务时，可能面临高转换成本；最后，数据收集可能产生间接的竞争性影响①，这也是非常重要的一点。在大数据使用价值链上设置法律壁垒，通常要兼顾数据隐私与数据利用的利益平衡，即法律在为数据隐私提供保护的同时，也规定了技术解决方案以缓解对数据使用的限制。换句话说，基于隐私保护目标的法律壁垒与技术能力挂钩。如根据 GDPR 的规定，匿名化处理的数据归属于可以合法使用的数据范畴。由此可见，无论对数据收集还是数据使用，尽管各国法律均设置了基于隐私保护的法律限制，但同时规定只要进行了匿名化处理的数据都是可以允许收集或使用的，体现了大数据发展

---

① 如数据收集能力会影响所收集的数据数量和质量，进而影响大数据分析效果等，故间接地影响了大数据竞争。

中基于多元利益平衡的法律考量。从实践来看，利用技术方案突破法律藩篱的例子大量存在，这也说明大数据市场具有巨大的发展潜力。以 cookie 为例，cookie 追踪是一种收集数据的技术手段，它允许网站所有者通过插入链接访问数据库，进而将数据收集扩展到其他网站的用户活动中。对于 cookie 的使用，美国并未明文禁止，相反欧盟则进行了限制。根据欧盟法的规定，用户必须被允许在他进入的每一个网站上作出是否使用 cookie 的选择机制，从而为数据收集建立了法律屏障。该规定的目的是保护用户的自主权和隐私权，使他们能够对数据收集自主设置一定的限制。但在欧盟法限制使用 cookie 收集数据的情况下，对那些寻求其他技术路线收集数据的企业来说（如 Google，主要是通过其搜索引擎收集数据），不仅不会受到影响，相反还具有了比较优势。因此在欧洲，与其他潜在的和现有的竞争对手相比，Google 拥有很强的搜索引擎地位。正是由于经营者们会寻求其他途径去突破法律障碍，欧盟立法对数据隐私保护持更为收紧的态度，下面我们就列举欧盟涉及 cookie 运行规则的里程碑案件予以说明。

2019 年 10 月 1 日，欧盟法院就"cookies 合规"作出了一个备受关注的裁判。此案中，德国消费者组织联合会向德国联邦法院起诉德国在线游戏公司 Planet49，后者在推广在线游戏中使用预选框取得用户同意以保存 cookies。德国联邦法院请求欧盟法院就欧盟有关保护电子通信隐私的法律进行解释。该判决强调，通过预先勾选同意的"预选框"方式取得的用户同意，不能作为有效同意。因为网站不能假设用户"未取消这个预选框"就是一种明确的同意。由此可见，欧盟采取严格的"同意"方式以保护个人数据隐私，即用户同意必须为明示同意而不包括默示同意，并且"同意"应针对具体的数据收集行为，而不是通过预选形式概括同意。本案在全球引起广泛关注和强烈反响，是自欧盟《一般数据保护条例》（GDPR）颁布实施以来又一个具有里程碑意义的司法判例，对于欧盟个人数据保护乃至互联网治理的后续发展具有风向标作用。

第二，基于数据所有权的法律壁垒。除隐私权外，数据所有权①是形成法律壁垒的另一重要问题。理论上，数据所有权应属于所有权范畴，具有绝对性、排他性、永续性等基本特征，数据所有权一旦确立，数据收集、存储、分析和使用等价值链上的各项制度必须围绕其进行重新设计和调整，因而目前包括欧盟 GDPR 在内的数据立法对数据所有权问题均采取了回避的态度。但从理论层面，我们不应当进行回避。由于数据具有非竞争性，数据所有权必定会影响数据访问的便利性。举例来说，病人的病历病史将成为医生未来诊断治疗或医学研究的重要输入数据信息，而数据所有权的赋予和行使将可能决定进入医疗服务市场的壁垒高度。尽管 GPDR 尚未明确规定"数据所有权"，但它在强化数据主体对其个人数据的控制权方向上又迈进了一步，这一趋势应当引起我们充分重视。就数据所有权而言，如若设置法律壁垒，那么影响最大的价值链当属数据收集。通常，大多数国家的法律系统都将数据划分为原始数据、数据库等不同类型，并分别由

---

① 就目前而言，大数据所有权仍处于理论探讨和研究阶段，纵观世界各国立法实践，尚无具体法律赋予大数据所有权。

不同的法律予以保护。其中原始数据是指基本的未经处理的数据如互联网流量，尽管目前法律并未承认原始数据为特定主体所拥有，但基于数据保护原则会对数据收集进行一定的限制。比如在欧盟 Schrems 案例①中欧盟高级法院裁定，数据收集者不得将在欧洲收集到的数据转移到欧洲以外的实体中。

第三，基于知识产权的法律壁垒。知识产权在大数据使用价值链中创造了直接的法律屏障。随着大数据、人工智能、区块链、5G 等信息技术深入发展，创新动力来源、科学共同体、知识增长和传播方式等发生巨大变化，知识产权领域必将面临更多复杂问题。就关注较多的数据库保护而言，目前仍存在争议的问题包括，数据库是否都应当获得知识产权保护，尤其是在原始数据不受保护的情况下；何时以及在何种条件下保护数据库；等等。笔者认为，数据库的知识产权保护关键取决于创建数据库所需的专业知识和工作水平、是否满足知识产权保护条件，以及与实质垄断的界限等方面。特别是在大数据背景下知识产权保护与反垄断规制之间的关系亟待重新审视和研究，下面以 Myriad Genetics v. Ambry Genetics 一案为例。

2013 年 7 月，Myriad Genetics 公司起诉了 Ambry Genetics 公司的基因诊断测试专利侵权。Ambry Genetics 此前曾宣布，它将为某些基因提供基因诊断测试。在该案中，Myriad Genetics 指出其投资了 1 亿美元用于开发其广泛的基因不变信息数据库，这可以确保基因测

---

① 值得一提的是，"Schrems I"裁决导致美欧《安全港协议》失效，而"Schrems II"裁决则导致美欧隐私盾失效。无论是安全港还是隐私盾，都旨在实现数据跨境传输与数据保护机制的协调。

试的准确性。在其初步的禁令申请中，Myriad Genetics 声称 Ambry Genetics "免费使用" 了其投资创建的数据集基因测试技术。Ambry Genetics 反诉称，Myriad Genetics 利用其数据库垄断了特定的测试市场。犹他州地方法院拒绝了 Myriad Genetics 公司的申请，随后 Myriad Genetics 提起上诉，联邦巡回法院确认了上诉申请，并发回下级法院审理。该案涉及大数据垄断企业利用数据优势申请的专利是否有效的 "实质问题"。在许多方面，这些问题与一般专利侵权案件中出现的问题并没有什么不同。主要区别在于：如果授予专利，专利权将归属于一个大数据垄断企业，其专利与大数据结合的影响可能远远超出专利有限垄断的时间，即专利保护期限会被变相延长，违背了专利权设置的本旨。这就提出了一个重要的政策问题：如果公众对 Myriad Genetics 的 "序列数据和解释算法" 的访问能符合公众利益的话，是否应当保护这样的大数据使用？由此在大数据时代，知识产权法与反垄断法的关系研究又将成为新的重要课题。

第四，基于公共利益及其他社会价值目标的法律壁垒。除基于上述权利保护目标外，法律障碍还以公共利益及其他社会价值为目标而创设，这些法律规则可能成为直接或间接的法律壁垒。如美国《平等信用机会法》禁止基于某些特征的歧视，这属于一种间接的法律壁垒。举例来说，基于机会平等的价值考量，在大数据使用中即使大数据分析显示，甲与乙偿还贷款的风险不同，贷款人也不得为任何一方提供更加优惠的条件。此外，如果用户有理由知道其个人数据将被用于欺诈目的，数据保护法等法律法规可能禁止销售相关大数据分析产品。值得注意的是，基于隐私权的数据收集限制并非完全出于公众利益的考量，但如果确实存在反竞争效应，它们很可能被更广泛的社会福利考虑所抵消。无论如何，对大数据市场的发展研究应建立在进入壁垒及福利分析的基础上，并综合考察市场结构和竞争状况等方面。

三、行为壁垒取决于利益驱动和行为动机

与结构性进入壁垒不同，行为壁垒属于策略性进入壁垒，对行为壁垒的分析建立在非合作博弈理论[①]的基础之上。一般说来，行为壁垒由产业内在位企业构筑，其目的是为了防止潜在进入者进入相关市场，但消费者的行为偏见往往有助于削减进入壁垒的影响。通常情况下，消费者对于个人数据被收集和使用知之甚少，或者为了获得某种服务而对某些数据收集和使用状况漠不关心，这些行为都将降低大数据市场潜在行为壁垒的实际影响。

实践中，行为壁垒常常在大数据价值链的初期形成，因此对数据收集的影响相对比较突出。具体来说，大数据产业中的在位企业构筑行为壁垒，主要考虑因素包括以下几个方面：一是排他权。倘若企业经由契约方式对唯一来源数据获得了独占访问权，其可能会以输入"止赎"的形式构筑进入壁垒，以阻止潜在竞争对手进入大数据市场。例如，全球著名市场监测和数据分析公司——尼尔森公司（Nielsen）通过与加拿大所有主要超市签订关于数据扫描的独家合同，从而占领

---

① 根据非合作博弈理论，在一个策略组合中，所有的参与者面临同样情况，当其他人改变策略时，他此时的策略是最好的。也就是说，此时如果他改变策略，他的支付将会降低。最为典型的例子是关于"囚徒困境"的故事，说明了"合作共赢"的道理。

了扫描器数据电子跟踪服务的相关市场，有效地将其竞争对手排除在该市场之外。然而值得注意的是，由于数据具有非竞争性，且消费者偏好有时可以从其他数据来源或数据库中观察到，因此对一个数据源的独占性通常不会造成十分显著的壁垒。二是准入价格和条件。除排他权外，数据访问价格和访问条件会不同程度地造成数据访问障碍。然而数据收集的准入价格和条件，并不与有关数据收集、组织和分析的投资，以及市场价值或数据访问价值直接相关。只有当数据集是唯一的，且容易被廉价地复制时，才有禁止数据访问的必要。三是收集内容。即使一个公司或政府拥有独特的数据收集能力，数据收集也应受到公共利益等价值目标的制约，其收集的数据内容应有所限制。比如，某些数据收集行为涉及限制竞争之目的，就应当受到限制。又如，南非政府基于政治动机进行人口普查数据收集，因被质疑涉及宗教信仰问题，而将该收集内容从人口普查数据收集中移除。由此说明，数据收集的内容可能成为数据收集行为壁垒的考量因素之一。四是禁止数据采集机制。对于一些商业机构尤其是浏览器所有者来说，构建禁用彼此数据收集的机制是很常见的。例如，微软操作系统的更新删除了当前使用的搜索引擎，并将微软自己的浏览器设置为默认浏览器，这些行为都会在一定程度上造成数据收集的进入壁垒。

除数据收集阶段外，数据使用阶段也会出现行为壁垒，主要表现在：即使一个人拥有或可以通过数据中介访问大数据，也并不意味着数据可以被有效利用。通常，大数据使用过程所形成的行为壁垒源自于数据用途及数据传输能力。一般情况下，数据企业会通过订立契约来限制对手的数据使用行为以及数据可携带权的行使，即人为设置数据使用壁垒。这些限制大多适用于个人数据，相关数据企业以遵循数据隐私保护原则、建立个人数据保护机制为由，独享个人数据的使用效益，以增加其利用数据生成产品的机会。同时，数据企业也会抵制数据共享带来的压力，以防止"多导航"的数据利用。例如，美国政府曾要求访问苹果公司的数据，以寻找潜在的恐怖行为信息，但苹果基于隐私保护的理由而拒绝了美国政府的要求。如前所述，数据收集者对用户的数据可携带性施加限制，也常常以契约形式来进行，这种契约约束限制了用户将个人数据从一个应用程序导出到另一个应用程序的能力，由此增加了转换成本，并可能产生锁定效应。众所周知，对于广告平台竞争者而言，为了避免走弯路，最有效的办法就是利用竞争对手的广告投放情况数据。而 Facebook 为阻止 Google 的扩展，采取了诸如禁止用户在 Facebook 上发布"Google+ 广告"等方式，以阻止数据从 Facebook 导出到 Google。值得注意的是，欧盟 GDPR 明确规定了数据可携带权，一定程度上消除了企业对数据可携性施加限制的行为壁垒。质言之，大数据使用的行为壁垒得以建立，主要取决于数据控制者的利益驱动和行为动机。如果一个公司的业务模型只依赖于数据收集、存储或分析，那么共享数据的动机是很高的，通常不会设置使用行为障碍。此外，成本也是设置使用行为障碍的考量因素之一，因为输入价值链的成本可能影响共享数据的动机。倘若一个公司的比较优势依赖于一个独特数据集的使用，并且该公司能够有效地利用这些数据，其限制数据可转移性的动机将会更高。在本质上，关于大数据共享的动机及成本分析与传统的物品分享并无二致。

综上，对行为壁垒的分析应以非合作博弈理论为基础，非合作博弈理论给我们的启示是，只有合作才能共赢。而行为壁垒的构筑取决于利益驱动和行为动机，并与法律壁垒相互作用，两者可能彼此加强或相互抵消，因而对大数据市场结构和竞争状况影响效果的评估与衡量，应当建立在综合分析基础上，并结合实际，客观评价行为壁垒对潜在竞争者造成的实质影响。

第四节　大数据市场竞争及福利效应的分析与反思

根据上述观察，结合大数据特征，使我们能够得出一些有关大数据市场竞争的初步结论：大数据创建的市场竞争效果类似于传统市场竞争的效果，不同的是，大数据市场控制力由数据优势所决定，拥有大数据市场权力（也称"市场势力"，Market Power）的公司享受着数据带来的优势。基于此，这些公司将会设置行为障碍或技术障碍，通过人为建立进入壁垒来维持或加强自己的优势，排除相关市场竞争者进入，就如同传统市场。然而，由于大数据市场具有不同于传统市场的独特特征，因而将成为影响大数据市场竞争效应性质、规模和范围的重要因素。值得指出的是，也正因为大数据市场的独特特征，使得大数据高准入壁垒本身并不会自动导致社会福利受到贬损。本节试图将以上初步结论联系起来进行深化，以进一步分析和阐释影响大数据市场竞争的多重因素。

一、大数据市场竞争的影响因素分析

（一）双边（多边）市场①的影响

数据收集是大数据价值链的初始阶段，也是潜在竞争者进入大数据市场的第一道门槛。从阶段性特征来看，数据收集障碍呈现两级化：一方面，数据收集具有独立性。通常情况下，数据收集是作为一个独立操作执行的。美国司法部（Department of Justice）和欧盟竞争理事会（Competition Directorate of the EU）发现，在全球上市公司的基本面数据收集方面存在障碍。美国司法部称，新进入者想要进入国际基础数据（fundamentals-data）市场确有困难，在数据收集上，它们将会面对来自全球的竞争对手——成千上万的公司，而构建一个可靠的历史数据库，还要满足诸多条件，如开发地相关法律规范、会计准则、开发数据规范化和标准化流程等。"因此，任何公司进入或扩张数据市场，都无法保证能及时、有效地击败反竞争的价格上涨。"②另一方面，收集的数据作为有价值的"副产品"而存在。在此情况下，数据收集不具有独立性，它是服务于其他目标的手段或工具。比如，有关地质条件的数据常常是地下钻探的"副产品"，以寻找地下有价值的资源；扫描器数据是超市销售商品的"副产品"，它是电子市场

---

① 2003年，罗切特（Rochet）和梯若尔（Tirole）首先给出了"双边市场"的粗略定义，即双边（更一般地说是多边）市场是一个或几个允许最终用户交易的平台，通过适当地从各方收取费用使双边（多边）保留在平台上。随着知识经济的发展，尤其是进入数字经济时代，双边（多边）市场在社会经济中的作用越来越显著。

② Daniel Rubinfeld, Michal Gal, "Access Barriers to Big Data", *Arizona Law Review*, Vol.59, 2017, pp.340–381.

跟踪服务的重要输入；医生们收集的数据是医学研究的"副产品"；等等。尽管这些"副产品"极其重要，但数据集被其他活动合理利用的途径仍然是有限的。换言之，这些数据集很难被另一家对该数据同样感兴趣的公司复制，进而无法有效寻找石油、出售杂货或管理药品。需要强调指出的是，在大数据作为副产品存在的情况下，对于具有双边市场特征的大数据垄断主体而言，其提供服务时无须进行大数据交易或者提供大数据分析服务，故不存在传统意义上的供需市场。

双边市场的特点是一个平台充当两组用户之间的中介，他们之间具有相互依存的需求关系，因而产生了跨平台外部性，这种类型的障碍主要与收集用户的行为数据有关。由于在线选项已成为现在公司提供产品或服务的有效途径之一，通常公司会利用网络平台的在线选项来吸引用户的注意力，以此换取获得和使用用户在线行为数据的能力和权利。例如，通过提供自动翻译、货币兑换率、房贷计算器等在线服务，换取间接的数据公开，这些数据通常被用来作为货币化服务的输入。反过来，这意味着以提供竞争性服务或商品为手段，吸引消费者进入其在线服务中，从而收集用户的行为数据，由此影响到数据市场的竞争。搜索引擎即是一个典型例子，它扮演着连接网站与用户群体之间的中间人角色，无论对于广告商还是投放广告的网站都是非常有价值的。为了获得相关数据，搜索公司经常提供免费的有价值的搜索服务，消费者的转换成本越高，消费者对特定搜索引擎或在线服务的依赖程度就越高，而竞争对手收集数据的障碍也就越高。不可否认，用户对数据收集市场进入壁垒的设置、增加、高低等方面起到了间接作用，用户选择何种在线产品或使用何种在线服务都会影响网站的数据收集活动，具体参数包括：关于收集用户数据的竞争性产品或服务的质量和价格，以及转换成本；关于用户在失去隐私方面所付出的代价；关于用户享有客观化、被遗忘权等方面所负担的成本；关于进入壁垒设置方面所付出的间接代价差异性；等等。正如前文所阐述的那样，这些壁垒产生的福利效应可能是巨大的。然而，双边市场并不一定意味着进入壁垒很高，因为有相当数量的用户具有了更改两个或多个数据收集源的能力，且转换成本较低，这意味着进入壁垒不是完全起作用的。从双边市场观察发现，大数据的规模、范围和速度是一个动态过程，对数字经济的影响也是动态效应的综合结果。因而在双边市场的影响下，数据质量必须与其他参数结合起来评价。以搜索引擎为例，所收集的用户数据质量直接影响到广告商和网站运营商的数据价值。然而，基于大数据分析个性化的信息价值，在搜索引擎的用户群体中所形成的对用户个体的影响有所不同，甚至可能对某些人造成负面的外部性，这种影响还与信息的类型有关，比如目标广告可能低于目标新闻提要对消费者的价值。当然，通常对用户的价值也会受到其他非大数据因素的影响，如网站的美观性和易操作性等。值得注意的是，收集的数据在未来用于数据分析时，最终算法决策不一定对特定的数据主体有益，它可能用来造福其他个体用户或群体用户，如图 1–1 所示。

图 1–1　数据质量在双边市场的影响（如广告）

图 1-1 说明了数据质量（由其经济决定）在双边市场中的一些影响。数据质量产生直接影响（粗箭头）和间接影响（细箭头）。例如，数据的质量直接影响广告商为每个特定用户创建更有针对性的广告的能力。反过来，这可能会对用户产生间接的影响（影响其购买相关产品的动机，或者由被跟踪感而引发的不安）以及对未来用户的影响。在双边市场，数据数量、种类、速度和准确性，以及对市场的竞争影响等因素，结合起来创造出复杂的动态效果，这些动态效果有助于解释大数据市场竞争效应，有助于重新设计数字经济时代的反垄断工具。

由于数字经济时代，双边（多边）市场对市场竞争的影响不同以往，进而使以界定相关市场以及评估市场支配力、排斥竞争行为和纵向限制竞争影响等为主的反垄断工具是否能够继续适用产生疑虑。2018 年 4 月 6 日，经济合作与发展组织（OECD）发布《多边平台反垄断工具之反思》（Rethinking Antitrust Tools for Multi-Sided Platforms 2018）调研报告，就如何重新设计或重新解释现有反垄断工具提出切实可行的方法建议，以便为竞争管理机构提供分析多边平台市场的分析工具。故此双边（多边）市场对数据竞争的影响评估，成为大数据知识产权与反垄断规制研究的重要内容之一。

（二）锁定和转换成本的影响

如果说双边市场主要影响数据收集竞争，那么锁定和转换成本就是数据存储竞争中的最大障碍。正如卡尔·夏皮罗（Carl Shapiro）和哈尔·瓦里安（Hal Varian）所述，在信息系统中，成本和锁定是无处不在的。① 的确，大数据公司常常面临存储及转换成本等问题。由于存储、转换成本较高，一旦数据以特定的顺序存储，它们可能很难转移到其他系统或场域，特别是在用户不知道存储顺序，或者受法律保护的情形下。如果管理数据的软件在数据集之间的差异很大，那么切换就会面临困难。例如，一家公司使用惠普数据管理服务来处理其重要业务数据，转换到其他系统（如 Oracl 数据库系统）可能需要大量成本。这意味着，选择不同数据库管理软件可能会产生高转换成本，甚至演化成锁定效应。

欧盟作为数据保护的先行者，在数据保护的立法层面和围绕相应制度设计的执法层面，就数据流转规则作出了多样化尝试。欧盟针对在其他国家或地区储存数据的问题，设置了一项相应的法律壁垒。欧盟最高司法机构——欧洲法院曾针对一名奥地利公民马克斯·施雷姆斯（Max Schrems）对美国 Facebook 公司的投诉②，在 2015 年 6 月作出判决认定欧美 2000 年签署的关于自动交换数据的《安全港协议》（Safe Harbor）无效。今后美国网络科技公司将收集到的欧洲公民数据送往美国存储将受到法律限制，这一裁定对 Facebook、Google、亚马逊等美国互联网巨头影响重大。相应地，该判决也会影响国际企业向欧盟市场提供有关数据产品的动力，包括其数据位置、数据来源、数据转移等方面。

---

① 参见［美］卡尔·夏皮罗、哈尔·范里安：《信息规则：网络经济的策略指导》，孟昭莉、牛露晴译，中国人民大学出版社 2017 年版，第 20—27 页。
② 马克斯·施雷姆斯（Max Schrems）质疑美国 Facebook 公司将其个人数据转移到美国，并表示该公司从 2013 年开始就违反了欧盟相关法律。

（三）协同效应的影响

如前所述，数据的质量和价值不仅受其体积的影响，还受其速度、变化和准确性的影响，这些特征可以相互协同，以克服进入壁垒产生的竞争优势。一旦大数据的其中一个特征显示出较高的进入壁垒，其他特征就会变得异常重要。例如，过去数据不容易获得，因此当可用数据的数量减少时，准确性或多样性就显得十分重要，力求达到基于更小的数据面板创建更高级别的预测准确性之目的和水平。同时，公司也可以投入更多的资源来创造更好的分析工具，而不是收集更多的数据。由此可见，在分析大数据市场竞争效应时，必须综合数据的多样化特征，探索出以数据信息为核心要素的大数据市场运行规律和发展路径。在此基础上，阐释大数据市场壁垒对其创新的潜在影响，重点是不能忽视大数据市场的动态效应。根据美国司法部与联邦贸易委员会于 2010 年 8 月公布的新版《横向合并指南》之规定，反垄断执法部门关注的是可能增加规模经济而产生进入壁垒的并购活动。事实上，如果存在规模经济，就可能产生相应的壁垒。大数据的多维特性还表现在，从不同来源收集的数据可以产生重要的协同效应，而大数据的竞争效应则可能与此相反。虽然进入壁垒通常不会阻止大数据的协同效应，但它们可能会阻止不同数据控制者之间的协同作用，如数据共享性和流通性的降低可能对大数据福利造成重要影响，这关键取决于协同效应与大数据决策质量的关联性。以医疗大数据为例，同一患者或不同患者对某一诊疗方案的反应可以形成大量数据信息，只有当医生广泛收集和获得这些数据后，才能提出更好的治疗方案和重要见解。由此推知，提高医疗体系内部及外部的数据共享能力可以极大地增加医疗福利。基于数据的非竞争性，且通常可以很容易地以低成本进行复制，单纯从技术角度看，数据聚集并形成协同效应是相对容易的。而事实上，由于信息障碍和动机障碍[①]的存在，大数据要实现协同效应，必须满足两个条件：其一，相关各方必须意识到可能的协同效应；其二，所有相关各方必须要为实现潜在的协同效应作出努力，包括技术投资等。与此同时，影响协同效应实现的障碍还极易导致"反公共地悲剧"[②]的产生。就大数据而言，只要数据控制者能够访问相关数据库，并且数据访问将对其有利，即存在访问数据库的动机，该数据控制者就可能设置阻碍实现潜在协同效应的壁垒。此外，任何可以通过大数据而产生的协同效应，都必须与市场力量相平衡。例如，在美国联邦贸易委员会对 Nielsen 和 Arbitration 两家公司拟议合并的评估中，就考虑了上述因素。

Nielsen 是全球著名的市场监测和数据分析公司，长期以来一直积极为内容提供商和广告商提供各种电视观众测量服务。Nielsen 和 Arbitration 分别花费了大量的投资开发了一个"测量小组"，作为电视和电台收视率的测量数据来源，它们各自拥有"最准确的有关个人层次最喜爱的电视或电台的统计数据"。近年来，Nielsen 和 Arbitration 都努力在"跨平台"领域拓展它们的服

---

① 大数据包括来自信息和动机的"两种障碍"。特别是对于动机障碍，即使允许访问数据，通常每个数据控制者都会根据自己的偏好组织数据，这一事实可能造成数据访问、共享和流通等方面的障碍。更重要的是，动机问题还会受到技术、法律或行为壁垒的影响，由此引发出一个重要的政策问题，即我们应当如何设计监管规则和机构，评估数据价值链的运行效率，从而创造出社会期望的协同效应。

② 即由多个权利人控制的土地未得到充分利用。

务。联邦贸易委员会关注的是跨平台评级市场的竞争，故联邦贸易委员会声称 Nielsen 和 Arbitration 是未来发展跨平台服务最好的公司，因为它们具有一定规模，且有代表性的数据面板，很好地创造了协同效应。为了解决合并的相关问题，Nielsen 同意许可 Arbitration 使用其知识产权，以发展美国全国性的跨平台观众测量服务。

（四）竞争效应的影响

除协同效应外，大数据的竞争效应又如何呢？基于非竞争性属性，数据可以轻松、廉价地被复制和共享，至少在技术上、理论上如此。在此情况下，数据企业对数据采集器和分析程序的需求可能剧增。相反，若在数据全价值链上设置法律壁垒或技术壁垒，数据可携带性或兼容性将受到限制。例如，基于隐私考虑，对数据可携带性进行法律限制，或对数据兼容性采取技术限制，从而降低了由数据非竞争性所带来的潜在益处。无论是否存在上述潜在障碍，出于竞争目的，相关数据竞争者也会研究制定强大的经济激励措施以维持对数据集的控制，同时建立结构性障碍，迫使部分供应链上的竞争者失去竞争力而退出竞争格局。诚然，进入壁垒会影响市场结构，而共享数据又对社会有益，因而我们有必要构建一种适当的监管机制来促进竞争效应。美国《消费者权益保护法》中关于 FRAND 的规定，即公平、合理和非歧视性的许可要求和模型，也可供大数据立法借鉴，作为监管和评估的标准以及设置组织运作的核心，即在付出合理和非歧视性的成本前提下数据可以获得使用。当然大数据监管制度及体制机制的构建，其前提是要充分了解大数据特征。这是因为，大数据的相对优势往往是微妙而复杂的，数据非竞争性并不会改变数据收集、组织、存储、分析对于数据私有的好处，数据控制者具有垄断数据的固有动机和基本倾向；大数据的非竞争性也意味着，独特的数据集所产生的相对优势可能是短暂的。如假设一家保险公司使用了一个独特的数据面板来计算深层钻探的地质条件，从而更准确地计算出与钻井作业相关的风险。这反过来可能引发数据持有者设定较低的保险价格，与降低的风险相适应。其他保险公司不得不承认，引领价格降低者更易获得相关数据，于是便抛开对数据的收集和分析，转而跟风效仿，来降低它们的价格。从此角度来看，使用算法来跟踪竞争对手的价格变化，可能会进一步削弱数据的比较优势，同时降低了数据的市场价值，也减少了收集和分析数据的动机。需要注意的是，这种算法与行为分析的结果有关，它并不是直接复制数据库，因而并未侵犯知识产权。相反，如果涉及内容的抓取，复制竞争公司收集的数据的做法，如将新闻信息或消费者评论添加到自己的网页中，那么知识产权法可能会发挥作用。

涉及知识产权问题，我们就不得不提到"搭便车"行为。事实上，正是由于数据集的非竞争性，使大数据世界中"搭便车"行为成为必要和可能。"搭便车"可以扩大从大数据中获得的好处，但也可能减少来自大数据市场的奖励，故一些公司仍然存在优先投资创建数据库的动机，而另一些具有竞争关系的公司则会选择"搭便车"以降低成本而获得竞争。

假设一家公司在收集和分析某种大数据时享有垄断权，这些数据使公司能够为消费者创造和实现更好的目标，同时这些数据也能使该公司获得更大的市场支配地位，从经济学角度，垄断会影响消费者福利水平。在此前提下，倘若相应的消费者为了寻求更好的价格和服务，他们可能会将第一家公司提供的信息与该公司的竞争对手分享，即为后者提供了免费的二手信息，实质上促成了"搭便车"。或者，如果一个公司在网上进行报价，且价格信息可以被广泛捕捉到，那么潜在供应商就可以依赖公开信息来创建更好的价格信息。在当今世界，大多数在线报价的计算都是通过算法自动进行的，这些算法可以观察和分析竞争对手在分秒内提供的信息，因此第一家公司基于数据报价所获得的比较优势可能会降低。

在大数据市场，"搭便车"会对社会福利产生复杂影响，既存在优势又存在劣势：优势表现在，形成了更大的竞争，有利于产生协同效应；劣势则表现在，削弱了原始创新者的创新动力和市场力量。如前文所述，在大数据市场中设置进入壁垒，可能产生外部性问题，但善于投机的数据企业总能充分利用外部性坐收渔翁之利，进而影响数据市场福利。根据科斯理论，明确产权可以达到有效率的解决结果。此外，企业的某些行为或能力也有利于实现一定程度的均衡。譬如，数据企业具有垂直整合（vertical integration）① 能力，将带来两方面的好处：一方面，垂直整合可能会给数据市场带来较高的、两级的进入壁垒，进而为数据控制者创造强大的市场力量；另一方面，垂直整合有可能克服"搭便车"带来的负面影响，并在收集和使用数据时增加

① 垂直整合是一种提高或降低公司对于其投入和产出分配控制水平的方法，也即公司对其生产投入、产品或服务的分配的控制程度。

协同效应。实践中，受数据非竞争性、算法决策（如利用算法来决定交易条件）以及互联网连接速度等因素影响，如果具有竞争关系的一方能够迅速复制对方的在线报价，则可能会削减垂直整合的相对优势；反之则可能促成进入壁垒的创建或加固，对于行业先行者而言，唯有创建或加固进入壁垒，其报价才不会轻易地被整合到竞争对手的价格算法中。如果数据集成公司也运营着在线平台或搜索引擎，它可能会利用搜索算法，为用户设置障碍，让用户很难获得价格数据，从而达到低成本供应商的交易价格。总之，在评价纵向一体化的福利效果时，应综合评估和充分考虑上述影响因素。

综上所述，大数据市场竞争效应与数据的非竞争性相关。需要强调的是，正如前述分析所示，数据的非竞争性并不意味着本质上消除了进入壁垒，相反正是由于壁垒的出现，促使企业在提供产品或服务的过程中加剧数据竞争，由此形成大数据市场竞争效应。大数据市场竞争将为增加社会福利带来益处，比如为消费者提供价格更低或质量更优的产品和服务，换言之，大数据竞争效应会带来正外部性。与此同时，大数据算法竞争、深度学习等也可能带来一些潜在损害，如根据数据集相关性决策，造成对某些社会群体的隐秘歧视。

（五）网络效应的影响

网络效应也称网络外部性或需求方规模经济和范围经济，是指产品价值随购买这种产品及其兼容产品的消费者的数量增加而增加。数据驱动的网络效应与通用的网络效应有许多相似之处，但数据网络效应更加微妙。在通用网络效应情况下，平均利润与使用或消费产品的消费者数量呈正相关；但在数据网络效应语境下，平均利润不仅仅取决于消费者数量，还在很大程度上依赖于从用户那里获得的数据，即当从用户那里获得更多数据时，数据网络效应会引发相应的技术壁垒。以 Google 为例，人们搜索越多，他们为 Google 提供的数据就越多，这使得 Google 能够利用巨量数据及算法不断完善和提高其核心性能及个性化的用户体验。与此同时，基于数据网络效应带来的好处，Google 会在技术上建立起需求壁垒[①]，以维持其大数据市场支配地位。这种数据网络效应可能需要大量沉没成本来对抗和克服。简言之，当产品质量取决于数据质量时，就会产生数据网络效应，而数据的数量、种类和新鲜度也会影响产品质量，这与数据加速了机器学习有关。由此可见，缺乏数据的新公司想进入相关市场是相当困难的。事实上，由于相关性通常是数据驱动的，所以数据越多越宽，数据网络效应就越好。就像 Stucke 和 Grunes 说的那样，积极或被动地提供数据的人越多，公司就越能提高产品的质量，产品对用户越有吸引力，公司就越需要进一步改进产品，这对潜在用户的吸引力是非常直观和有价值的。除上述搜索引擎外，数据网络效应还广泛存在于社交平台。Facebook、微信等用户受益于拥有一大群属于同一网络的"朋友"，基于网络服务和数据驱动，"朋友间"可以彼此数据共享并从中获益。可以说，如今我们已离不开微信、支付宝这样的网络平台，它们为人们提供多样化、多层次、全方位的服务，基于网络与数据的相互连接，人们获得了前所未有的生活体验。特别值得一提的是，需求

[①] 譬如物联网产业，构成需求壁垒的因素包括构筑在实物之上的物联网应用及其进入门槛和周期等。对于各类中小企业来说，物联网应用成本较高，培育市场难度较大，因此不太可能出现大规模增长。

驱动型经济体的市场份额对大数据的依赖性更强，如网上预订酒店，用户往往通过搜索过去用户的评价信息来衡量酒店的环境、服务、餐饮等质量，从而作出符合自己定位和要求的选择。因为对于用户来说，基于真实数据的信息更有价值。也正是由于数据具有价值，才致使有数据优势的商业机构会为数据收集设置障碍，以阻碍竞争对手的市场入侵。此外，网络效应有利于创建积极的反馈循环：随着更多用户使用搜索站点，更多的数据信息会被收集，那么更好的目标信息（如广告）可以精准投放给用户；广告收入又可以用来提供更好的服务，从而吸引更多用户以产生更多的数据来改进服务。相应地，为了克服数据网络效应，新进入市场的数字（化）企业（平台）的规模究竟应该多大等，这些经济问题不仅取决于提取或获取数据的成本，还取决于数据分析的质量，以及每个市场的独特特征。

进入数字经济时代，人们不仅生活在物理空间，还生活在数字空间，即生活场域由单纯的物理空间向以数据为核心要素的数字虚拟空间延伸，形成了物理空间与数字空间"虚实结合"的双重构架。在此前提下，市场竞争越来越多地转向围绕数据优势展开，特别是像社交网络、通信、电子商务等领域围绕数据展开的竞争非常激烈，美国科技界的几大巨头如 Facebook、Google、Linkedln 等公司之间的网络竞争，本质上是数据竞争，其重要内容之一是创建数据收集平台以提高服务质量。综上所述，一方面，大数据表现出强大的网络效应，如数据收集的规模、范围或速度会对数据的准确性产生积极影响；另一方面，市场的多面性加强了数据网络效应。OECD 曾指出，数据驱动的市场可能会形成"赢家通吃"的局面，"集中度"是衡量大数据市场成功的一项重要指标。然而，数据驱动市场的竞争力，很大程度上取决于特定市场进入壁垒的高度，同时还取决于市场结构。当数据网络效应变得巨大时，特别是当网络效应与其他进入壁垒相结合时，就会产生显著的竞争效应。

承上，大数据是巨大且多维的，它增强了数据集对广大不同用户的价值，使其在不相关和不同市场中运行，这也给大数据市场竞争及福利效应分析带来难度。此外，随着新一代信息技术的深入发展，大数据领域的算法技术也在不断深化，深度学习的属性加强了算法技术的效率性和精准性，即算法可以在没有特定方向的数据集中寻找相关性。可见，大数据技术的不断创新和深度发展将持续提升大数据价值，而大数据价值与大数据市场特征相关。总而言之，对大数据市场竞争的分析，需根植于大数据市场，结合大数据市场特征，涵括对双边（多边）市场、锁定和转换成本、协同效应、竞争效应、网络效应等多重因素的影响进行综合评价。从上述理论和实践分析来看，大数据市场竞争在数字技术、数据属性、大数据市场特征等共同作用下，呈现出前所未有的复杂性，特别是市场主体利益多元、利益关系交互等给大数据创新发展带来极大挑战，亟待数据权属研究予以跟进，激活数据要素价值潜能，厘清多元利益关系，促使数据利益冲突向利益共生转化。

二、大数据市场竞争的福利效应分析与反思

上述分析以经济学理论为基础，广泛讨论了大数据市场竞争相关

问题，包括大数据价值链、大数据准入壁垒及其对监管和竞争政策的影响等方面。基于上述分析可知，大数据可能带来前所未有的市场优势，正如 OECD 的一份报告显示，大数据"有利于市场集中度和主导地位"，旨在表明大数据垄断问题不容忽视。然而也有人提出相反的结论，如 Tucker 和 Wellford 基于数据的非竞争性，声称"大数据是广泛可用的，而且通常是免费的，因此反垄断的作用十分有限"。故此，本部分将在上述分析基础上，对大数据竞争与福利效应分析进行总结和深化，以期对传统反垄断工具是否适用于大数据市场予以反思。

（一）国内层面

在国内层面上，对大数据垄断的分析研究应当建立在对竞争效率和福利效应的整体效果评估上，要结合大数据作为输入要素、副产品、价格歧视来源等的特殊性，甄别独立的大数据市场与用户服务市场，从而为大数据垄断的认定和反垄断规制方法的改进提供理论依据。

第一，大数据作为输入要素，对其垄断评估应延伸到特定市场，并进行全局性、整体性、多维度福利分析。哈佛大学教授加里·金（Gary King）曾经说过，大数据的价值不在数据本身，虽然我们需要数据，数据很多时候只是伴随科技进步而产生的免费的副产品。从此角度上讲，大数据通常是作为其他产品或服务市场的输入要素存在，由此引发了如下相关性思考。首先，对大数据市场垄断的分析应该延伸到特定市场，而不应局限于数据价值链上。假设 A 公司在提供数据访问点的市场上具有比较优势，B 公司希望在该市场上获得竞争，B 公司将可能选择与 A 公司签订合同以获取其数据。在此前提下，可能出现两种情形：一种是 B 公司会面临来自 A 公司设置的进入壁垒，进而催生出市场垄断行为；另一种是当更多公司进入该市场，消费者有可能享受价格更低、质量更优的产品，这些福利又会反向"诱惑"他们使用特定的在线服务，从而影响大数据市场竞争。无论哪种情形，有关竞争和福利分析必须立足于特定市场，且相关垂直市场中的进入壁垒分析也是必不可少的，因为进入壁垒直接影响到市场结构。然而，上述关联性分析在大数据立法和监管机制设计中往往被忽视。如在分析广告媒体时，美国联邦贸易委员会和欧盟都把重点放在广告市场上，忽视了媒体广告投放市场①的动态，理由是在线用户和内容提供者之间没有贸易关系。本书认为，这样的分析是有缺陷的，因为它忽视了免费在线服务市场与消费者数据收集市场相关联，忽视了免费在线服务市场存在的竞争效应，进而导致广告市场动态分析的缺失。其次，与数据无关的比较优势可能有助于克服大数据市场垄断。举例说明，Tinder 是国际最流行的约会应用（APP），其在在线约会方面的创新只是基于一个简单的改变，即如何更为便利地使用网站以迎合消费者的需求，也就是使用方式上的改变为消费者带来了新的体验，而不是基于大数据的比较优势。如若大数据不作为最终产品，那么大数据对最终产品市场究竟有何影响及影响程度如何等问题，必须建立在整体性、多维度的竞争和福利分析基础上，重点要关

---

① 广告投放市场与广告市场有所不同，广告投放涵盖互联网广告投放、精准广告、智能化挖掘数据、定向策略、情报分析等领域，而广告市场通常指进行广告活动的场所。

注影响消费者作出市场选择的不同因素的相对权重。如前所述，在研究大数据作为市场输入要素对于特定市场的竞争和创新产生的推动作用时，应当基于对进入壁垒和市场力量的综合分析。值得一提的是，关于进入壁垒的高低，虽然它既不是完全基于大数据作为市场输入或输出的事实，也不会直接决定最终消费者的福利影响，但是我们不能忽视它对市场结构和竞争机制的重要影响。最后，对大数据作用的分析需要关照新的技术发展。特别是数字经济时代的到来，使传统产业从垂直结构向网络结构转移，也使大数据可以从包括物联网在内的不同来源收集数据，并作为自动机器的输入要素，而这些机器由数字连接，数据存储、分析、使用等均自动完成，并定向发送给目标客户，提高了经济发展的质效。例如，关于天气、交通状况、加油站、道路障碍等信息都会自动影响到汽车路线，而不需要用户做出任何决定。因此，控制这些网络的所有或大部分的公司可能在智能产品或智能供应链上享有显著的相对优势，从而推动改变或打破原有的产业格局。当大数据作为这类网络的重要输入时，进入壁垒对其收集、存储、分析和使用的影响分析也必须回到全局影响上来。

第二，大数据作为副产品，对其垄断分析应结合双边市场特征，界定相关市场以确定企业竞争的市场范围。在许多情况下，数据收集的目的是为了服务于其他商业活动，成为其他商业活动的副产品，这可能会造成两级输入问题。一方面，在数据收集市场中设置高进入壁垒的可能性较大；另一方面，不同数据值链上的进入壁垒会共同影响着共享数据的动机。例如，如果数据存储和分析中的进入壁垒很高，大数据公司的业务模型可能被迫调整，因为它们没有强烈的动机去销售其收集的原始数据,进而加剧了大数据市场的垄断。大数据作为副产品,对大数据市场垄断影响最直接的表现就是,不存在传统意义上的有关大数据交易的供需市场。但双边市场具有外部交叉网络性特征,双边市场经济具有交互性。如果忽视对用户服务市场以及其他数据相关市场的潜在竞争效应评估,那么以产品和服务合并为形式而进行实质上的大数据合并,就会成为反垄断审查的漏网之鱼,以大数据为驱动的经营者集中之反竞争行为就难以得到规制。[1] 因此,我们应当在综合分析大数据的经济特性和双边市场经济的交互性基础上,首先界定相关市场以确定企业竞争的市场范围,进而重新设计反垄断规制方法或工具。

第三,大数据作为价格歧视来源,对其垄断认定应建立在整体社会福利分析基础上,对消费者、数据控制者、数据使用者等进行整体福利效应评价。正如前文所述,大数据特征可能会影响竞争和福利效应分析。大数据意味着,数据收集者或分析者通常有能力根据购买者的需求弹性,从数据主体那里获得不同的价格。在大数据驱动市场中,由于数据能够显示消费者的偏好,使价格歧视的能力变得愈发强大,而歧视方式则变得愈发隐秘。价格歧视是否会影响整体的社会福利尚待深入研究,但从理论上看对数据使用者明显有利。与之关联的问题是,大数据市场的竞争条件能否影响消费品的市场价格并形成价格歧视呢? 这主要取决于市场利用这些数据的结构。具体来说,如果价格歧视是基于消费者偏好数据而不是购买产品的相对质量,这可能

---

[1] 曾彩霞、朱雪忠:《欧盟对大数据垄断相关市场的界定及其启示——基于案例的分析》,《德国研究》2019 年第 1 期。

会大大降低消费者的福利，相反垄断性的数据使用者能够控制上述数据，从而有效地提取消费者剩余。与此相关，引入这些数据的企业之间展开竞争也不一定会增加消费者福利，这在很大程度上取决于消费者行为和最终的竞争均衡。假设消费者并不太了解其他供应商，或者他们表现出的行为特征存在偏见，如当他们直接接受了第一次收到的报价，而未花时间去搜索查询类似的产品和比较其他供应商的价格（通常这种情况发生在购买低价产品的时候），在上述情况下，多个数据企业访问类似的数据，也并不一定会避免价格歧视问题。相反，这可能促成所有数据控制者的共同歧视。但如果消费者进行大量搜索（尽管成本高昂），部分供应商可能会提供更好的贸易条件，从而减少价格歧视的发生及影响。当然，数据企业如若为消费者提供更好的算法服务，也有助于减少价格歧视问题。进一步观察发现，大数据市场的进入壁垒不一定会影响消费者的福利，这是因为，福利效应取决于数据信息对最终产品或服务的价格和质量的影响。假设消费者的偏好数据显著吸引了一个市场主体，该市场主体通过瞄准潜在消费者的兴趣产品，来有效地进行推销将改善消费者福利。但是相关竞争产品的其他供应商，即便缺乏如此有针对性的消费者偏好数据，仍可能享受诸如专利、位置、独特的人力和物力资源、声誉等方面带来的比较优势。在此情况下，虽然大数据优势并非绝对优势，但它可能转化为加剧企业间竞争的因素，市场对数据准确性的奖励越高，大数据的优势就越明显。

承上，由于大数据市场具有更为复杂的特征，往往需要在反竞争效应与支持竞争和公共利益的正当性之间达成多方面平衡，例如，协同效应、创新动机、隐私问题等都需要综合考量，以此为基础建立或降低进入壁垒。福利分析的重点应当是，关于大数据的发展应用及其如何影响社会福利等问题。这就需要结合具体场景进行分析，如医学大数据如何帮助医生提高精准医疗水平，金融大数据如何帮助金融机构预测潜在风险等。同样值得注意的是，大数据可能会改变许多市场的竞争动态。如广告市场，传统的广告形式包括横幅广告和媒体广告等，这是广告接触消费者的基本方式。而在大数据时代，广告商能够获得关系消费者偏好特征更为准确的信息，这些信息来自特定消费者或消费者群体的各种行为数据，从而使广告商可以精准性地投放广告，这反过来也会影响相关市场的划分。因而现行反垄断法中的相关市场、经营者集中等概念界定，已无法完全适应于以数据为驱动力及核心生产要素的大数据市场。质言之，由于大数据市场竞争及福利效应受多重因素叠加影响，既有反垄断法的理论工具和规制手段都将面临新的时代性挑战。对大数据市场垄断的界定，并不是从传统市场中根本剥离出来，相反应立足于特定的产品或服务市场，结合大数据市场特征，深刻解析双边（多边）市场属性、锁定和转换成本、网络效应等，进而对竞争效率进行整体性的效果评估。

（二）国际层面

在国际层面上，随着全球进入数字经济时代，大数据成为各国重要的基础性战略资源，甚至被称为"新型石油"，那么大数据如何在国际层面引领全球竞争，尤其是在微观上如何影响国际公司的行为和竞争，这方面的研究不容忽视。从宏观角度来看，由于数据非竞争性、非排他性等特性，大数据共享和流通无法以司法管辖区为界限，因而各个国家都会为跨境大数据收集、存储、分析或使用设置更高的准入壁垒。这些特点可能会导致数据分析中的跨境溢出效应产生。理论上，如果 A、B 两个不同国家的消费者的某些数据存在相似性，在此前提下，在 A 国管辖范围内收集的消费者数据可以适用于 B 国，那么就能克服来自 B 国设置的有关收集和分析数据的准入壁垒。从微观角度来看，跨国企业更容易在数据收集和分析中享受规模经济和范围经济，并使消费者享有更强大的网络效应，由此跨国大数据企业能获得更多的比较优势。而对国内企业而言，可能进一步增加其在数据市场的竞争压力。

在分析进入壁垒的高度时，必须考虑到国际层面的数据跨境效应。事实上，欧盟 GDPR 中明确的数据可携带权，在一定程度上有利于克服跨境数据壁垒对企业带来的负面影响。因为，跨国企业可有效利用不同区域的大数据价值链优势，来分配数据存储和数据使用的国家或地区[1]，从而克服跨境数据准入壁垒。

大数据国际化还带来了国际数据监管问题。在当今世界，数据监管主要基于本国或本地区的福利考虑，即是专门针对特定国家或特定地区而设计的制度。因此，大数据监管如何突破国界，是大数据立法研究面临的重大挑战。笔者认为，大数据跨境监管不仅涉及国际竞争问题，还面临国家政策、人权、制度话语权等更广泛因素的影响。尤其是，法律壁垒的差异是否会导致"信息孤岛""数据鸿沟"等问题产生，某些司法管辖区的限制是否会产生重大的外部性从而影响其他

---

[1] 依据不同国家或地区的壁垒设置，选取具有较好存储能力的国家（地区）存储数据，而在其他国家（地区）使用数据。

国家或地区的福利，以及全球监管如何合理、有效设计制度和执行等，这些问题有待深入研究和综合考量。

总而言之，关于竞争和社会福利，大数据创造了新的、更为复杂的问题。大数据对市场竞争的影响是广泛的，从数据驱动经济到在数据价值链中建立人工屏障，我们面临的挑战是如何在社会福利之间寻找最优平衡。就大数据垄断问题而言，主要与大数据市场特征相关，经济学中的竞争和福利损害理论为大数据垄断的研究提供了坚实的理论基础，同时大数据市场特征也为竞争和福利损害理论创造了更多维度的研究方向，进一步丰富了经济学乃至法学理论。此外，由于数据的非竞争性，反垄断研究应当与知识产权问题结合，换言之，大数据时代为知识产权与反垄断的关系研究赋予了新的内涵。

小　结

大数据已经成为我们数字世界中最宝贵的资源。大数据分析是由单纯工具属性逐渐内化、延伸、综合，并将知识和效率扩展到实际的生产生活中。大数据的收集和分析无疑增加了社会福利。然而，随着大数据日益成为市场不可或缺的重要资源，大数据市场往往存在进入壁垒，这反过来可能在数据相关市场创造持久的市场力量，成为反竞争行为的直接推动力。本章在对大数据伦理、大数据发展问题进行多维反思的基础上，探讨了大数据市场准入壁垒，分析了进入壁垒对大数据市场竞争和福利效应造成的影响。

　　研究结果显示，阻碍大数据创新发展的因素可能来自大数据伦理，也可能来自技术、法律、行为等进入壁垒，后者还极易推动形成市场垄断，这些问题和倾向都需要我们反思。特别是，大数据市场的主导经营者掌握着海量高质量数据，新进入者和潜在进入者由于缺乏高质量数据而无法与在位企业展开竞争，创新和效率便无从谈起。而对于大数据垄断的认定，由于大数据往往不作为最终产品，不存在传统意义上的供需市场，现行反垄断规制中"相关市场"的界定方法，如需求替代分析、供给替代分析等已不能完全适用于大数据垄断。同时，"鉴于大数据垄断具有较强的网络效应，且大数据垄断主体大多为具有交叉网络外部特征的双边平台，经营者为了绕开法律规制采用迂回路线，不直接进行大数据交易，而是采取其他方式进行合并以规避对大数据垄断的反垄断审查"[①]。一方面，我们需要加紧反垄断法的修订，明确独立的大数据市场界定方法，增加以提供用户数据为对价的交易形式；另一方面，对尚未形成市场支配力或优势地位的数据企业要加强产权保护尤其是知识产权保护，以激励新进入企业的大数据创新，从而为推动大数据创新发展提供有力的法治保障。

---

① 　曾彩霞、朱雪忠：《欧盟对大数据垄断相关市场的界定及其启示——基于案例的分析》，《德国研究》2019 年第 1 期。

第 二 章
大数据保护的理论言说

纵观大数据保护研究，至少经历了从"数据中心主义"到"个人中心主义"再到"利益平衡理念"的理论演进。其中，"数据中心主义"与"个人中心主义"存在明显理论缺陷，利益观偏颇、有失公允，特别是面对大数据中存在的诸多利益如何兼顾保护、有效平衡等问题，两者均无能为力。然而"利益是人类历史变迁的根本动力"，分配、协调与平衡各主体的利益是法律规范的最重要价值判断与考量。利益法学派代表人物赫克、惹尼等认为，最大满足当事人意愿的方法是"在正义的天平上认识、衡量所涉及的利益，并根据某种社会标准去确保其间最为重要的利益的优先地位，最终达到可欲的平衡"。"利益平衡论"在行政法、知识产权法等部门法学中都具有重要的指导意义和应用价值。进入数字时代，大数据发展和应用对国家、社会、政府、商业机构乃至社会公众意义非凡，伴随而来的是，隐私利益与大数据国家利益、商业利益等的价值冲突，大数据垄断与竞争之间的利益冲突、上游创新与下游创新之间的固有矛盾等，都需要利益平衡理念加以指导，构建合理的利益平衡机制，由此厘清大数据中的权利义务关系，从而进行权利分配或重置。利益平衡理念与"尊重语境原则""信息公平"具有高度的契合性，同时利益平衡原则也是知识产权的理论基础和核心。[①] 由此可见，知识产权保护大数据利益是能够实现逻辑自洽的。

第一节 大数据保护的基础理论

一、"数据中心主义"的理论阐释

所谓"数据中心主义"理论，即是由"技术决定论"到"数字决定论"的发展演进而来。1933 年，芝加哥"世纪进步"世界博览会的格言是"科学发现（science finds）—产业应用（drives history）—人类顺从（man conforms）"，这是对技术决定论思想精髓的提炼。[②] 从 20 世纪 80 年代开始，研究科学技术相关问题的社会学家和历史学家围绕技术决定论背后的理论逻辑争论不休，特别是关于人类是否必须遵守由技术的内在逻辑所产生的任何律令。其中，许多人主张社会生产力形成并决定了技术的很多方面，即技术决定论掩饰了在各种各样情况下人类对技

[①] 参见冯晓青：《知识产权法利益平衡理论》，中国政法大学出版社 2006 年版，第 21—25 页。

[②] Carroll Pursell, *The Machine in American*, Baltimore: Johns Hopkins University Press, 1995, p.230.

术制度的干预。由此，他们反对技术决定论，提出"技术并不是沿着自主路径发展的，且并不具有某种不可阻挡的力量和逻辑。相反他们主张，技术是由人类（社会）生产力所形成并受其引导的"①。

随着社会经济进入数字时代，"技术决定论"演化成"数字决定论"。"信息渴望自由"（information wants to be free）的呼声一度高涨，对此有学者严肃地指出，"这充其量算是一种天真的提法"②。理由是：对于技术史学家而言，信息渴望任何东西，并不只是自由。同时，"信息渴望自由"直接指向一个规范性纲领，即社会应当去适应由这个技术所带来的各种可能性，消除任何挡道及阻止其实现全部可能性的各种障碍。尽管"信息渴望自由"的观点并未获得实证支持，但倡导者通过所提出的政策建议，表达了技术决定论的规范性方向。

值得一提的是，与上述主张密切相关的一个提法——"集体创造性"（collective creativity, CC）。这一思想始于互联互通日益强大的现实，学者们的兴趣并不是来自网络技术本身，而是源于互联互通带来的人与人之间的互动潜能，以及由此产生的团队层面上的创造性。集体创造性与数字决定论有许多共性，如数字决定论关注的是为互联互通提供动力的主体权益，而互联互通是集体创造性所依赖的平台。集体创造性着眼于通过互联互通的数字硬件所实现的虚拟社区以及"分布式单独个人的大脑"（distributed single brains）③。两者区别主要在于

---

① ［美］罗伯特·P. 莫杰思：《知识产权正当性解释》，金海军等译，商务印书馆 2019 年版，第 433 页。

② David Nye, *American Technological Sublime*, Cambridge: The MIT Press, 1994，p.435.

③ ［美］罗伯特·P. 莫杰思：《知识产权正当性解释》，金海军等译，商务印书馆 2019 年版，第 435 页。

角度和方法不同：数字决定论视角强调的是，个人在数字技术上的创造、消费、使用等利益；而集体创造性则更强调，在受到特定技术性基础设施的强烈影响下，集体交互行为得以实施，这意味着，尽管技术基础设施不是集体创造的充分条件，但却是不可或缺的必要条件。[①] 两种思想的共同点在于均主张在数字时代消除财产权，为技术发展让步。所不同的是，数字决定论是将财产权交给技术律令，而集体创造性是要保障财产权对团体精神的影响最小化。在观念层面上，主张严格限制"财产权逻辑"侵入数字领域中，降低财产权对数字领域的影响。

不难发现，数字决定论是技术决定论在数字经济时代的现实表现，是技术决定论的发展延伸，呈纵向垂直承继的样态；而集体创造性是数字决定论的空间拓展，是横向拓展变化的方式。两种理论紧密相关，无论是数字决定论还是集体创造性均具有明显的理论缺陷，即以"财产为障碍"（property as obstacle）。财产的核心要素包括主体及其对资产的控制（排他权），显然在数字经济时代上述两个核心要素都已具备，并存在一一映射的关系，否认或限制财产（权）不利于数字经济的发展。下面章节将深入探讨。

二、"个人中心论"的理论阐释

"个人中心论"是与"数据中心论"相对应的，其本质是"个人

---

① David Nye, *American Technological Sublime*, Cambridge: The MIT Press, 1994，pp.435–436.

本位主义"，通说就是个人利益高于一切（利益），包括社会利益在内的其他利益。在大数据保护中最为典型的"个人本位主义"即是围绕数据隐私而提出的各种代表性观点，下文将以数据隐私的理论变迁为主线，悉数呈现数据保护"个人中心论"的面面观。

（一）"隐私消亡论"的破灭

"隐私消亡论"的核心思想是"隐私已死"。这种观点的代表有：太阳微系统公司（Sun Microsystems）首席执行官斯科特·麦克尼利（Scott McNealy）曾言道："无论如何，你将没有隐私"[①]；Facebook 创始人马克·扎克伯格（Mark Zuckerberg）直言不讳地宣称"隐私时代已经结束"[②]。这种观点通常为技术派所主张，是一种以技术为中心的世界观，蕴含着强烈的"技术正确主义"。他们建议放弃对隐私的期望，摆脱对技术创新的桎梏。

"隐私已死"实际上意指两个与之相关的现象。第一个现象是，大量个人信息被自动技术收集，主要针对的是计算机里的"元数据"部分。"元数据"是描述数据的数据，因而带来的隐私泄露风险往往是更加巨大的。由于数据隐私已经突破了大数据保护集合，隐私规则的必要性和重要性应当增加，而不是减少。同时社会对共享信息的期望正在不断改变，人们对"隐私已死"的社会理解也应随之变化。此外，法律和社会规则在不断规范如何获得和使用个人数据信息的方式

[①] Judith Rauhofer, "Privacy is Dead, Get Over it Information Privacy and the Dream of a Risk-Free Society", *Information & Communications Technology Law*, Vol.17m No.3（2008），pp.185–197.

[②] Mazzone Jason, "Facebook's Afterlife", *North Carolina Law Review*, Vol.90, No.5（2012），pp.1643–1686.

和范围，而信息技术革命也正进一步强化这些规则的重要性。第二个现象是，倘若人们对其数据隐私产生危机感，首要关心的不是信息规则本身，也不是制度如何回应他们的需求，而是作为个人是否有实际能力来管理和利用其信息。这一现象意味着，对个人而言最重要的原则是，人们能够"注意"到个人数据被处理的事实（数据处理器应该公开他们的个人数据），以及拥有合理"选择"是否同意的机会。这便是"通知和选择"制度，它是我们现行的隐私政策、隐私设置和隐私指示系统的基本框架。现行隐私法主要遵循"公平信息"原则，以管理个人数据的收集、使用和披露，目标是为数据控制者提供一套个人数据的管控规则，以便在收集、使用或披露时衡量利益和成本。因此，"隐私已死"论断与大数据世界的数据保护需求不相适应。

（二）"隐私自我管理"的失范

"隐私自我管理"①是丹尼尔·索罗夫（Daniel Solove）提出的隐私管理方法。在隐私保护自我管理承诺细致入微的隐私保护的同时，大多数公司也会为个人提供一些"通知和选择"的方式，个人则通过作出"要么接受要么放弃"的决定，以获得进入服务页面的"入场券"。从目前情况来看，通过阅读复杂的网络条款和条件来决定是否授权同意收集个人数据，个人需要大量时间、技能甚至"奉献精神"，更不用说个人本来就是希望获得服务"入场券"的，故"通知和选择"方式形同虚设。事实上经验证据表明，该模型所期望的那种隐私的自我管理（阅读隐私政策和作出细粒度的选择）会让用户每年花上几百个

---

① Daniel J. Solove, "Introduction: Privacy Self-Management and the Consent Dilemma", *Harvard Law Review*, Vol.126, 2013, p.1880.

小时来实际完成。Solove 将此归结为一种同意的困境，许多改革尝试实际上只是呼吁更多的隐私自我管理，而另一种家长式的方法也只是限制了个人的同意。所以 Solove 认为，问题不在于隐私已死，而是在信息革命为人类提供新的生产手段面前，管理个人信息流动的系统需要重新思考和设计。换言之，我们需要更多的原则来指导、规范和管理信息流动。

　　然而，共享的私人信息可以保密打破了"隐私自我管理"。在公开辩论中，隐私保密的概念很常见，但法律有着更微妙的理解。在上一节中，隐私规则被作为管理个人信息流动的一套规则，而个人数据信息已成为数字经济中的重要元素。有学者提出，应该拒绝对隐私进行狭隘的理解，隐私不能简单等同于需要保守的秘密。曾经的隐私观念是二元分化的，即信息要么是公开的，要么是私下的；要么是我们自己知道的，要么是社会公知的。但这种对隐私的狭隘理解属于无稽之谈，过于绝对化。相反，几乎所有信息都存在于完全公开和完全私有之间的中间状态，而共享的中间状态的大部分信息都涉及我们共享的私人数据。① 人们希望处于中间状态的个人数据能够得到保密，因此保密是一种基于信任而在数据主体与数据控制者之间搭建起承诺隐私保护的基础方式。利用大数据的力量，使私人信息二次使用，并且在承诺共享私人信息仍然是"机密"的情况下，使人们对共享数据机构的信任得以恢复，这是一种"双赢"的理想局面。换个角度看，就是我们与第三方共享的私人数据信息仍然可以受到隐私法的监管。

---

① Neil M. Richards, Daniel J. Solove, "Privacy's Other Path:Recovering the Law of Confidentiality", *Georgetown Law Journal*, Vol.96, No.1（2007），p.125.

在数字时代，隐私二元观念已不合时宜，因为数据信息必须被设计共享。进入"无数字、无生活"的时代，人们享受着个性解放、生活便利、民主进步、文化多元等数字技术带来的好处，为获得这些前所未有的数字化福利，人们欢迎全球定位系统、手机发射塔，甚至WiFi 定位追踪自己的手机，在应用程序中使用定位服务来"签到"；我们愿意分享数据来为大数据算法提供资源，这样职业网站可以帮助我们更快地找到工作，网上书店可以为我们精准推荐喜欢的书目，社交网站可以帮我们联系到有意向的新朋友。然而，正如第一章所讨论的那样，大数据的出现使我们能够更加深刻地感知到我们自己"数字档案"的无所不在。在大数据之前，个人可以粗略地估计其个人数据的预期用途，并在他们选择同意的时候权衡成本和收益。即使实际的数据运用与预想的有所偏离，人们也不必过分担忧，因为所提供的个人数据数量有限且使用范围可控。随着大数据的快速发展和广泛应用，个人数据"二次利用"的情形频繁发生且意想不到，数据的流转范围究竟有多大是无法确定的，因而个人数据的使用已完全改变了原有的演算规律。科尔德·戴维斯（Kord Davis）在他的著作《大数据伦理学》中曾担忧地指出，"由于意想不到的后果而产生的潜在危害，可能会很快超过大数据创新所要提供的价值"。隐私自我管理不仅被打破了，而且数字技术的快速迭代升级将加重其监管失灵带来的危害。

（三）"隐私非二元论"的延伸

"隐私非二元论"是在对"隐私二元论"的批判基础上提出的，该观点由美国立法和司法实践的发展变化抽象而来。自 20 世纪 90 年代末以来，美国联邦贸易委员会（Federal Trade Commission, FTC）一直认为，在隐私公告中违反承诺构成了一种"不公平或欺骗行为"。联邦贸易委员会在发现此类承诺被打破时，可以提起民事诉讼，并寻求禁令救济。丹尼尔·索罗夫（Daniel Solove）和伍德罗·哈佐格（Woodrow Hartzog）解释了联邦贸易委员会的隐私法是如何成为普通法的功能对等物的，并认为"在打击隐私侵权、保障数据安全方面，联邦贸易委员会多年来的表现虽然称不上完美，但是也做得不错"，同时指出"其执法实践都是以人们普遍认可的规范和做法为依据的"。[①] 进入 21 世纪，联邦贸易委员会就开始了"超越隐私政策"的思路拓展，并将重心从执行违背隐私的承诺转向违反消费者对隐私的期望上。这一微妙但有力的转变，使联邦贸易委员会能够越来越多地关注隐私政策的总体情况，包括消费者对其个人数据信息共享和使用的合理预见；同时赋予了联邦贸易委员会相应的职责，即要求企业履行对用户个人数据处理活动是否满足其合理预见（如消费者认为其个人数据信息被设计共享是在企业采取保密措施的前提下进行的）进行综合评估，从而作出合理合法合规的数据处理方法选择。

除此之外，在元数据共享不可避免的前提下，为加强个人数据信息保护，法院也在寻求新的隐私保护机制和方法。早期美国《电子通信隐私法》（*The Electronic Communications Privacy Act of 1986*，ECPA）禁止互联网服务提供商在未经书面同意的情况下销售其客户的电子邮件和短信内容，但对非内容元数据提供了十分有限的保护。这与当今

[①]　Daniel J. Solove, Woodrow Hartzog, "The FTC and the New Common Law of Privacy", *Columbia Law Review*, Vol.114, 2014, p.583.

世界脱节，因为元数据比以往任何时候都更容易创建，并且可以与其他数据聚合，以显示个人可识别信息或实际数据。通常，元数据更容易访问和共享，并且可以启用"除标识"功能，从而造成更多的隐私损害和身份入侵。美国部分法院和州立法机关开始意识到元数据收集的隐私问题可能更为棘手。

在 Klayman v. Obama 一案中，哥伦比亚特区法官理查德·莱昂（Richard Leon）坚持认为，电话记录程序违反了第四修正案，该修正案禁止政府大量收集和查询美国公民的电话记录元数据。国家安全局则认为，根据 1979 年最高法院在 Smith v. Maryland 案中的裁决，"在电信公司作为商业记录所持有的电话元数据中，没有人对隐私有任何期望，更不用说一个合理的隐私了"。莱昂法官的理由在一定程度上依据了最高法院在 United States v. Jones 一案中的裁定。在 United States v. Jones 一案中作出的裁定是，基于侵权理由，政府在目标车辆上安装 GPS 设备，并使用设备监视车辆的运动时间，构成了一个搜索。在该案被告 Jones 看来，法官索托马约尔（Sotomayor）的观点与非法侵入理论一致，即 GPS 的元数据"产生了一个精确、全面的记录，记录了一个人的公共活动，反映了他的家庭、政治、职业、宗教和性关联的丰富细节"。索托马约尔法官所担心的是，政府可以储存这样的记录，并有效地将这些记录保存在未来的信息中。质言之，只要个人自愿向第三方披露信息即丧失了合理的隐私预期。正基于此，法官理查德·莱昂在 Klayman v. Obama 一案中认为，电话记录程序使原告 Klayman 丧失了合理的隐私预期。

　　由上述案例可知，"隐私的合理期望"是一个基于隐私保护的判断标准。这里的隐私已不再是"二元论"阶段的简单划分，正是由于隐私的非二元属性，使得隐私规则变得多维而复杂。实际上，"隐私非二元论"强化了共享信息的隐私保护，它将用户的隐私期望作为判断数据处理是否合理合法合规的理由之一。"隐私非二元论"的理论发展和延伸，使"语境完整理论"得以提出和构建。

三、语境完整理论：数据保护从一维转向多维

　　数据保护模式的选择一定程度上取决于所处的时代背景。在大数据时代，通过数字网络把人与传感器、数字设备连接起来，访问和传送数据的能力得到极大释放，海量信息被悄无声息地采集、传播、分析、共享，大数据技术对隐私侵入式的影响日愈凸显。面对无处安放的大数据时代隐私困境，"隐私已死"论调一度在美国占据主导地位，特别是广泛存在于技术主义学者和企业家的主张中。2012 年 2 月，奥巴马在白宫公布了《消费者隐私权法案》，该法案提出七项原则，其中第三项原则为"尊重语境"，即"公司收集、使用并披露消费者数据的方式应与消费者提供数据的语境一致"。这是一条富有创新性的原则，但"语境"一词过于模糊，为该原则的解释和适用带来障碍。在无数解释版本中，社会领域语境引人关注，该解释认为"语境"意指在由不同社会空间所构成的整个社会范围内规范管理信息流动，涵盖实践、功能、目标、制度结构、价值观和行为规范等方方面面，再进一步建立分类规则。社会领域语境说发展延伸出"语境完整理论"，

所谓"语境完整"，就是以整个社会领域为研究范畴，从大数据功能和目标出发，考量大数据实践中蕴含的伦理价值观和多元化利益，以此形成信息合理流动的制度规范。① 尊重语境原则为数据隐私保护提供了一个全新的视角，以语境完整理论为正当性基础，构建数据隐私与商业创新、社会治理、国家安全等利益之间的平衡机制，我们需要把握以下两点。

其一，"尊重语境"蕴藏社会价值评估机制。"尊重语境"以信息流动的恰当性为基本原则，即数据流动应符合合理信息规范。根据信息流动的语境模型，可将关键参数限定为：行为因素、信息类别和传递原则"三要素"，三者相互独立。当行为或实践符合信息规范时，就遵循了尊重语境原则。反之，若行为或实践干扰了固有的信息流动规范，使隐私与预期产生矛盾，就违反了尊重语境原则。"尊重语境"为隐私预期提供了初步诊断的工具，蕴含了对已存在信息流动与新型信息流动进行评估和比较的框架：首先，考量受影响方的利益，即对其利益、所承担的风险和成本进行评估；其次，考量一般道德和政治价值，超越了可以优化整体效益的简单权衡取舍，全面考察成本和效益的合理分配；最后，考量特定语境的价值观、目的和用途，如隐私与安全、隐私与利润等各类矛盾的比较和平衡。"尊重语境"打破了将隐私与商业利益、隐私与国家安全等对立起来的二分法，使其服务对象从个人信息主体的利益扩展到涵盖社会目的和价值等其他方面。

其二，"尊重语境"契合知识产权利益平衡原理。在大数据生态

---

① 参见〔美〕马克·罗滕伯格等：《无处安放的互联网隐私》，苗淼译，中国人民大学出版社 2017 年版，第 128—130 页。

系统中，"面对利益的多元化及其冲突化，需要借助立法的利益衡量实现对利益关系的调节，使得各个利益主体能够各得其所、各安其位"①。尊重语境原则就是在承认数据隐私保护中蕴藏多元利益主体且利益关联和交互的基础上提出的，意味着数据隐私保护与数据利用之间不宜设置鸿沟甚至相互对立，而是应当将两者置于同一语境中进行权衡和评判。一方面，"语境"不仅包含客观成分，还包括个人对其信息利用的信赖程度和认知价值等主观变量，一定的透明度对于实现个人数据保护与创新利用的双重语境至关重要；另一方面，"尊重语境"还需要对动态社会和文化规范进行鉴别。②

本质上，知识产权是以私权为手段，换取信息披露和公开，从而促进社会知识增值，满足不特定公众接近新知识的渴求，最终达到公共利益保护之目的。"私权秉性是知识产权法的起点，但是维护知识产权制度最终惠及公众的制度价值，是其最终归宿。"③ 私权保护和增进社会福祉皆是知识产权的价值蕴含。在知识产权制度存续期间，知识产权强保护与弱保护之间的博弈将一直存在且不会消弭，这便是知识产权制度中"公共领域保留"为社会正义发挥效用的重要砝码。知识产权保护范围扩张与否取决于私权法定与公共领域保留的相互协调，取决于上游创新与下游创新激励的动态平衡。与之相似，在数据驱动型经济中，数据流通、数据共享、数据交易与数据隐私同样

① 张新宝：《从隐私到个人信息：利益再衡量的理论与制度安排》，《中国法学》2015 年第 3 期。
② 参见［美］马克·罗滕伯格等：《无处安放的互联网隐私》，苗淼译，中国人民大学出版社 2017 年版，第 174 页。
③ 冯晓青、周贺微：《知识产权的公共利益价值取向研究》，《学海》2019 年第 1 期。

重要，需要获得法律正当性赋权。从关系理论角度，数据隐私、数据流通、数据共享、数据交易之间存在法律、经济等方面的交叉，以及私权与公共利益的交互。个人数据隐私采用隐私权方法，适用隐私法保护具有法制传统，能够逻辑自洽，但隐私法过度介入尤其是在那些个人数据属于隐私范畴不能自明的情况下，必然损害数据流通交易及大数据创新发展等利益。这里既涉及私权，又涉及大数据创新、应用最终惠及公众的公共利益。对于用户数据保护，若单独适用隐私法将切断数据保护与信息自决权之间的联系，削弱凝结在数据之上的默认的财产性权利；同时从第一章的论述来看，大数据市场竞争趋向复杂化，数据权属的明确有利于解决大数据的外部性问题，因而公共利益保护也不宜泛化，以挤占私权空间。

综上所述，"尊重语境"实质上致力于多元化利益的兼顾保护，并试图发掘个人隐私利益与大数据创新实践的交汇点，让大数据创新实践的结果最终惠及公众，形成利益多赢的良好局面。这与知识产权利益平衡的价值内核契合，但数据保护是否能纳入知识产权范畴，还需要对数据性质进行全面分析。就目前而言，个人数据信息仅适用人格权保护是极其有限的。就数据库保护而言，传统方式无非是知识产权保护和隐私权保护：对于知识产权保护，又呈现出著作权保护和商业秘密保护两种模式，其中著作权保护是为了使数据库主体免受第三方提取、再次利用整个或大部分数据库所遭致的不利影响，一般情况下第三方"非实质性"提取或利用数据库不会侵犯其著作权。对于隐私权保护，主要是针对数据库中个人数据信息进行的保护，大数据领域中的个人数据信息是非静止性的，它处于不断增容和变化中，并从数量和质量两个方面延展，汇集成庞大的数据生态系统，尽管数据库是已结构化的数据集合，但仍然会受到动态数据影响而发生变化，由此仅纳入隐私权保护显得力有不逮。不可否认，在数据驱动型经济中个人数据挖掘、大数据分析、物联网、人工智能等都不同程度地推动个人数据从"静止单元"汇聚成"生态系统"，而在数据生态系统中，数据交互和利益交织将成为常态，需要一种动态的利益平衡理论予以支撑和调节。

四、利益平衡理论：数据保护与知识产权融合之基础

利益平衡理论是知识产权基本理论之一，体现了私权与公共领域保留的平衡原理。从此角度，该理论蕴含了不可移除、比例、效率等基础性原则，这些原则构成了知识产权政策制定中必须予以考量的重要因素。

（一）私权：知识产权的逻辑起点

以约翰·洛克为代表的财产权理论，对知识产权理论的发展具有深远影响。洛克财产理论与知识产权之间"适配度"（goodness of fit）如何，存在争议。持肯定意见的代表性观点大致阐述了三点理由：其一，洛克的焦点是关于从一种"自然状态"中拨归财产，这在知识财产世界更易发生、更为常见。在今天，地球表面的大部分土地毕竟已经被人拥有，大多数情况下都是很久以前即归人所有了，要说一个全新的财产拨归不太可能在有体财产世界中发生，只有知识财产世界中才更为常见。知识共有品（intellectual commons）并没有缩减，反而

在不断增长。所谓"科学研究是永无止境的新领域",个人创造者可以从中利用的公共领域信息库,就非常接近于洛克关于大块共有资源领域(地)的概念。换言之,洛克理论的初始条件跟知识创造十分接近。其二,对洛克而言,无论在解释财产权的正当性还是在约束财产权方面,劳动都起着关键性作用。知识创造需要付出劳动,且往往需要重大努力才能得到。相应地,从公共领域中主张知识产权,正与从自然状态中产生出财产权,遵循着相同的逻辑。其三,洛克承认,作品必须通过研究与写作才能完成,即蕴藏了作品获得著作权的正当性,是来自以劳动为依据提出的财产主张。在知识产权中,知识财产的获得同样是借助劳动完成的,具有非常明显的公共领域"给予性"。

洛克财产拨归理论被视为知识产权私权属性的重要理论依据。所谓"财产拨归",是指某种财产从原始的共有物中剥离出来,通过某种拨归私用的方式,归个人所有。洛克证明了私有财产权制度的必要基础是,在个体的人类与具体的经济资源之间形成了一对一的映射关系。那么,为什么拨归行为就应当产生特定的财产权呢?为了回答这个问题,洛克引入了工作或者劳动的观念:土地和低等动物为一切人所共有,但对人身,除本人外的任何人都没有权利去占有、使用、支配等。如果一个人依靠自己的身体或双手来从事某项劳动或完成某项工作,所获得的成果归属于他必然是正当的。换言之,只要某个人能使任何东西脱离自然所提供的状态或所处的环境,使公有资源上添加了唯有他享有的某些人身性质的要素,如掺进了他所付出的劳动,就能使这样东西成为他的财产,从而排斥了其他人的共同权利。洛克财产拨归理论蕴含了两个重要因素:一是某种东西脱离共有状态,才会发生拨归行为；二是拨归是因付出劳动和努力之后得以产生的。

　　如前文所述，知识产权的公共领域与洛克关于原初共有的概念非常吻合。其根本原因是，洛克的财产权分配方案基于这样一个事实：在自然状态中，自然资源是平等地给予全体人类的。每一个人对这种处于自然状态的整体资源拥有不可分割的部分利用。但为了让这些资源发挥效用，个人必须将之纳入自己的控制范围。相对应地，这种自然状态下的资源即是知识产权世界之公共领域。虽然洛克财产理论论及的劳动通常是"采集苹果"等体力劳动，但最初应用于知识产权仍获得广泛接受和尊重，究其原因，很大程度上是由于其理论基础根植于自然法传统中。到了 18 世纪，随着人们对人类制度的理解发生变化①，洛克财产理论也受到了挑战。其中有一种显著的反对意见认为，洛克所述财产仅适用于有形财产，而公共领域所对应的则是著作、发明等无形财产。这些知识财产相较于有形财产，最显著区别在于它们可以同时被多人使用，即经济学家所称"非竞争性"（nonrivalrous）。对于自然资源，在未施加劳动之前，并不归属于任何人。相反，公共领域则不同，公共领域所包含的材料，有一些本身就是个人劳动所创造的，曾经归某人所有，只是由于长期不使用或者因为期限届满而落入公共领域。对于知识财产而言，公共领域就起着洛克财产理论中自然状态的相同作用。它提供了围绕在个人创作者周围的原材料，已经散落四周而不归个人所有的资源。根据洛克理论，财产拨归是通过个人身体运动的方式实现的。而处于思想领域的创造性

---

①　这种理解强调的是可观察的事实与正常人的人类行为模式。参见〔美〕罗伯特·P. 莫杰斯：《知识产权正当性解释》，金海军等译，商务印书馆 2019 年版，第 134 页。

成果，却并不存在与此直接类似的方式。正基于此，有人反对将数据信息纳入财产权范畴，因为信息具有非竞争性属性，使得在绝大多数情况下要通过身体运动而将信息脱离出来是不可能的。[①]

如果说洛克财产理论是强调外部力量在财产私有化中的作用，那么从康德理论出发则呈现出另一番镜像，即财产权产生是由内而外的运动过程。按照这种观点，财产是一种制度，它帮助将个人内部品质和特征转化到事物之中，从而让这些事物发挥作用。依循这一逻辑，财产所有权会使得个人才能、观点及独特人格投射在一般性社会之中，换言之，纯粹内部的特征被投射到更广泛的外部世界，使内部人格特征与外部世界产生交互，人格得到提升，如从创造性成果中获得收入的同时，又为其带来更多的创作自由。故此，康德的理论更加强调个人自治或自主意识。[②]康德认为，人类认识来源于感性经验和人类理性两个方面，即外在世界提供感性认识材料，内在世界提供认识形式。财产作为一项法律权利，其本质在于，他人有义务尊重在对象上的权利主张，而这些对象受到个人意志行使的束缚。康德似乎在暗示财产所有权是一种原始概念，其根源在于人类意识深处的活动。质言之，康德理论更强调自由意志在财产权取

---

① ［美］罗伯特·P. 莫杰思：《知识产权正当性解释》，金海军等译，商务印书馆 2019 年版，第 70 页。

② 康德对于财产理论的贡献，常常被排除在传统财产权论述之外。康德对于财产采取了高度抽象的方式，为理解知识财产这种最具观念性的财产权提供了绝佳的起点。参见［美］罗伯特·P. 莫杰思：《知识产权正当性解释》，金海军等译，商务印书馆 2019 年版，第 134 页；Brian Tierney, "Permissive Natrual Law and Property: Gratian to Kant", *Journal of the History of Ideas*, Vol.62, No.3（2001），p.301.

得上的重要意义。在阐释知识产权正当性时，康德理论常常被人忽视，但从上述分析来看，康德理论对于无形财产获得私权保护提供了更为直观的逻辑，即个人意志或个体创造性的作用。这与现代性知识产权的内在结构相符。

在笔者看来，传统财产权理论从不同侧面对知识产权的正当性进行了解释，并明确了私权是利益平衡的重要方面。首先，对于创造性成果，人们是需要付出努力并通过筛选与编排、采集与汇总、再造与重塑等创造性劳动才能完成的。无论是体力劳动还是脑力劳动，其本质都是一样的，据此自然状态下的财产拨归与公共领域中的财产拨归具有内在一致性。其次，每一项创造性成果的背后都必然涉及自由意志行为，这是构建知识产权理论的核心。知识产权中无法归因于社会的创造性驱动力来源于个人智慧、才能、教育等个性化因素与辛勤劳动的紧密结合，即标明个人在其创造性成果中享有控制并从中受益之权利的本质因素。最后，从功利主义理论看，知识财产相较于有体财产，更具有人身性特点且与个人自治密切关联。基于奖赏观念，对为创造性成果作出贡献的个人赋予知识产权，以此激励个人进行创新创造，具有正当性和合理性。

进入数字经济时代，数据与知识产权都是促进经济社会发展和创新须臾不可或缺的重要元素。尽管在数字化影响下，创新动力来源、科学共同体、知识增长和传播方式等发生巨大变化，知识产权的利益平衡理论面临许多新问题新挑战，但从知识产权内部结构来看，私权作为知识产权的起点，也是利益平衡核心方的构造不会发生改变。结合前文分析，大数据价值不是直接来源于数据本身，而是主要取决于数据分析。在大数据分析阶段，数据库的结构化转换、算法与程序设计等都是极具"知识"含量，凝结了创造者智慧和劳动，并为之付出重大努力的技术及创造性成果，因而无论是基于财产拨归理论，还是自由意志理论，抑或激励理论，从大数据的共有状态中剥离出私有财产权，赋予创造者一定的排他性，是具有正当性基础的。

（二）信息公平：公共领域保留的价值归宿

通说认为，知识产权是以私权为起点，但以最终惠及社会公众的公共价值为终点。在知识产权领域，多元化社会中的公共价值就是公民个体伦理的相互协调、达成一致后形成的公共伦理价值观。公共价值创造了重叠共识，使知识产权在终极问题上的分歧得到化解和超越，使相互分离的规则和实践得以凝结在一起。

罗尔斯的社会正义理论是，基于公共正义价值，将康德的个人主义与对集体的关切相互汇合，再附加高度分析性思维方法所形成的。该理论具有双重考虑，包含了两大原则：其一，自由原则（liberty principles），即每个人对与其他人所拥有的最广泛的基本自由体系相容的类似自由体系，都应是一种平等的权利；其二，差别原则（difference principles），即在社会经济不平等，以及正义储存原则一致的情况下，适合于最少受益者的最大利益，并且依系于在机会公平平等条件下向所有人开放的地位和职务。其中，信息公平是罗尔斯正义论的重要内容之一。

根据经济学原理，信息并非稀缺资源，而是一种非竞争性财产。大数据时代，信息传递变得轻而易举，"电子·地球村的思想几乎快要成为现实"[1]。关于信息公平，传统哲学主要选择在契约公平、功利主义公平、分配结果公平等理论框架中探索其价值和意义。本部分将结合大数据时代的新特点，从如下三个维度探索信息公平的价值蕴含。

第一，信息是一项基本利益。在大数据生态系统中，数据信息的挖掘、收集、传递、流通和共享等过程蕴藏着计划安排下的理性思考和决策。依据罗尔斯的利益理论，利益是对理性期望的满足，基本利益就是那些对实现生活计划有总体作用的东西。[2]从罗尔斯的主张可以窥见，信息之所以纳入人类基本利益，就是基于信息对于计划实现的作用。一方面，公民需要足够信息以使基本公平原则在日常生活中发挥效用，个人信息保护也是个人实现公平权利的题中应有之义；另一方面，从某种意义上说，政府、企业充分接触数据信息是保障个体实现平等权利的基础。因为面对大数据分析的自主性和自决性，数据信息的不完美会直接导致数据分析的偏误，影响决策的公平性。

第二，信息分配是相对公平的实现。有人运用罗尔斯的分配公平理论对抽象物（如信息、知识）分配问题进行探讨。[3]罗尔斯并未将信息分配绝对化，而是明确信息财产化具有工具性价值，并承认信息分配的差异化存在。以知识产权为例，从激励创新角度出发，允许对社会有价值的知识产品为某些人所控制而排除他人获得，以此激励占有人生产出更多对社会有用的知识产品。这是一种默认的不平等，体

---

① [澳] 彼得·德霍斯：《知识财产法哲学》，周林译，商务印书馆2017年版，第242页。

② [澳] 彼得·德霍斯：《知识财产法哲学》，周林译，商务印书馆2017年版，第245页。

③ 张新宝：《从隐私到个人信息：利益再衡量的理论与制度安排》，《中国法学》2015年第3期。

现了差异化原则。差异化原则应当有所限制，否则会增加信息流通的障碍，因此知识产权法律在创设私权的同时，也确立了信息披露、保护期限等制度，以平衡信息分配中的不平等关系。若将上述原理运用于大数据产业中的数据信息分配问题，我们不难发现，大范围的信息财产化发展和无障碍信息流通并不利于大数据产业的发展和创新，唯有对部分数据赋予产权，才能形成良好的大数据创新生态。

　　第三，信息公平是重要的全球化议题。2018 年 5 月，被称为"史上最严"个人信息保护专门立法——欧盟《一般数据保护条例》（GDPR）实施，预示着欧盟对数据利益全球影响力的扩张，掀起了有关个人信息保护和数据流通国际化的大讨论。"大数据"是现在及未来国际贸易竞争中的重要元素已基本达成共识。倘若"信息想要自由"，那么数字化的信息更是如此。凭借着互联网的时空压缩技术，个人信息能够近乎零成本地跨境流动，这为主权国家的管辖和监管带来了新的挑战。那么，数字化信息是否有必要纳入全球化的监管体系中？笔者认为，可以借助有关知识产权的全球信息安全理论予以解读：知识财产的全球保护计划的代价是，给机会主义者以从事直接的非生产性逐利活动的机会。实力雄厚的国家或跨国公司可能会试图通过劝说一个超国家机构提高已经存在的保护程度，以此来提高自己的收益。因此，知识产权被赋予了地域性特征。关于大数据保护和监管是否全球化的问题，就目前而言，答案应当是否定的。但值得一提的是，数据保护在保护主权和赋予地域性特征的同时，应当关注法律框架及制度的国际协调性，以免影响本国数据的跨境流通和国际利益。

　　本节梳理了大数据保护的基础理论，其中语境完整理论和利益平衡理论具有高度契合性，都从大数据保护领域中寻求数据保护和利益最大化。同时，两者对于推动知识产权与大数据保护融合有着重要的指导意义。

第二节 大数据保护的价值目标与权利语境

2020 年 9 月，我国提出的《全球数据安全倡议》明确指出："在全球分工合作日益密切的背景下，确保信息技术产品和服务的供应链安全对于提升用户信心、保护数据安全、促进数字经济发展至关重要。"同时呼吁"各国秉持发展和安全并重的原则，平衡处理技术进步、经济发展与保护国家安全和社会公共利益的关系"。由此洞见，大数据保护领域中技术进步与数据安全的平衡尤其重要，亟待理论研究的加强和立法实践的跟进。

一、大数据保护的价值目标

概而言之，大数据引发的伦理风险及其法律挑战，来自技术和规范两个维度。从技术维度来看，至少需要关注三方面问题：首先，我们必须考虑数据生成和处理过程中所面临的技术障碍；其次，关照与现有计算技术相关的大数据独特伦理和理论问题；最后，大数据的复杂性和用于分析的算法会进一步诱发客观性思考和认识论问题。例如，信息业者可能会通过简化算法，将数据拟定为一组既定的权重或变量，从而使审查过程中忽略某些细节，导致预判结果有失偏颇甚至与实际相悖。此外，认识论问题还反映在司法中，尤其是证据不充分的案件，会由于对大数据相关证据理解上的偏差导致结果不公。从规范维度来看，大数据算法可能导致歧视性的不公平结果，引发道德责任问题；同时用大数据算法替代人类决策，将影响个人自治和社会变革。[①]

从比较法角度，对大数据的保护，美国尚未单独立法，而是采用分散化立法的方式；相反，欧盟则采用专门立法方式。2018 年 5 月 25 日颁布实施的欧盟《一般数据保护条例》（GDPR）是第一部直接适用于欧盟成员国的统一大数据立法。GDPR 实行了较为严格的数据保护标准，号称"史上最严"数据立法。它的实施将对其他国家乃至全球的大数据保护立场和方式产生重要影响，还可能成为引领全球大数据保护立法的标杆。GDPR 自 2012 年开始起草，在此过程中起草委员会深入讨论和明确了立法目的。具体而言，GDPR 致力于解决下列问题：新技术的影响；从内部市场维度加强数据保护；应对全球化和国际数据流通问题；提供一个更强大的制度安排有效执行数据保护规则；提供个人数据保护的法律框架。[②] 概言之，欧盟大数据保护的价值目标是：偏重保护个人数据权利，特别是数据隐私权；努力寻求数据利用和数据保护之间的有效平衡；致力解决数据跨境流通的相关

---

① 　参见 Ugo Pagallo, "The Legal Challenges of Big Data: Putting Secondary Rules First in the Field of EU Data Protection", *European Data Protection Law Review*, No.3（2017），pp.36–46。

② 　Minke D.Reijneveld, "Quantified Self, Freedom, and the GDPR", *SCRIPT ed: A Journal of Law, Technology and Society*, Vol.14, No.2（2017），pp.285–325.

问题，力求争夺数据保护方面的国际话语权。

从理论与现实角度，大数据保护不仅要保护各类数据主体的利益，还需兼顾数据利用的价值。基于此，大数据保护旨在为数据利用提供伦理约束界限和合法合规遵循，应力求实现数据利用和数据保护的利益最大化。一方面，要为大数据产业创新发展提供制度保障。充分发挥数据驱动创新的重要作用，激励区块链、数据交换、大数据存储管理、分布式计算、基础算法、机器学习、大数据可视化、真伪判定等大数据技术创新。另一方面，要为数据相关主体提供权利保障。重点保护自然人隐私权利，确保数据安全；加强数据权属研究，尽快明确国家、集体、个人数据权益边界；完善数据产权保护制度，制定数据确权、开放、流通、交易相关制度，有效维护人民利益、社会稳定、国家安全。除此之外，在国际层面上，加强数据跨境流动的国际协调，抢占数字治理国际话语权，也是未来我国大数据立法必须考虑的重要议题。

二、 大数据保护的权利语境

大数据应用过程中，可能会涉及数据信息的使用、传播、商业利用等相关问题，产生庞大的利益交互，存在不同的利益相关主体以及多元化利益。可以说，伴随数字时代而来的是复杂的利益关系和交织的权利类型。纵观大数据保护方面的研究成果，在人格权范畴探究个人信息保护问题的较多，也有学者提出独立于隐私权创设个人信息保护权的构想，还有学者提出独立的数据财产权等。总的来说，这些权利类型是在人格权与财产权等不同的权利语境下界分的，明确权利语境需要对权利属性和特点加以解析，因而是大数据保护研究的前提和保障。

（一）人格权语境

通常在人格权语境下，对个人数据的保护又分化出不同的保护模式，包括隐私权保护、个人信息（权）保护、被遗忘权保护等。我国《民法典》第四篇为人格权篇，其中第六章是关于隐私权和个人信息保护的专门规定。根据《民法典》第一千零三十三条第二款之规定，"隐私是自然人的私人生活安宁和不愿为他人知晓的私密空间、私密活动、私密信息"。《民法典》第一千零三十四条规定："个人信息是以电子或者其他方式记录的能够单独或者与其他信息结合识别特定自然人的各种信息，包括自然人的姓名、出生日期、身份证件号码、生物识别信息、住址、电话号码、电子邮箱、健康信息、行踪信息等。""个人信息中的私密信息，适用有关隐私权的规定；没有规定的，适用有关个人信息保护的规定。"[1] 可见，个人信息中的私密信息属于隐私权保护范畴。

隐私权保护模式为美国法所推崇，是将个人信息置于隐私权中加以保护。美国《隐私法》（1974 年）规定了对各类信息的收集、持有、使用和运输保护之条款[2]。"个人信息本质上是一种隐私，隐私就是我们对自己所有信息的控制。法律将个人信息作为一种隐私加以保护，

---

① 《中华人民共和国民法典》，2020 年 5 月 28 日，见 www.npc.gov.cn/npc/c30834 /202006/ 75ba6483b8344591abd07917e1d25cc8.shtml.

② Overview of the Privacy Act of 1974，转引自王利明：《论个人信息权的法律保护——以个人信息权与隐私权的界分为中心》，《现代法学》2013 年第 7 期。

界定其权利范围。"① 大数据革命使信息收集、利用变得迅速并不易察觉，增加了个人数据信息的控制难度，但如前文所述，这并不意味着"隐私的死亡"。在美国，大数据保护论争通常以隐私权语境作为逻辑展开，譬如责任规则的适用，对不当观察、捕捉、传播和使用个人信息的行为，究竟适用侵权责任还是合同责任予以规制，都是在隐私权语境下进行探讨的。这与美国实用主义的法治传统不无关系。

美国是联邦制国家，隐私法由联邦部门制定的法规组成。美国《公平信用报告法案》（*Fair Credit Reporting Act*, FCRA）是 1970 年颁布的一部保护消费者信息隐私权的基本法律，包括了消费者有权访问存储其财务信息的数据库等规定，对保护消费者的信息隐私起到重要作用。然而进入大数据时代，消费者的身份越来越受到大数据推断和数据控制机构的影响，尤其是数据控制机构拥有更多接触元数据的机会，元数据是可以提供信息资源的结构化数据，一经建立即可共享，而大数据时代的元数据比以往任何时候都更容易创建，且与其他数据形成聚合，能轻易突破隐私规则的束缚，从而使人们丧失合理隐私预期。在此背景下，2012 年 2 月奥巴马在白宫公布了《消费者隐私权法案》（*Consumer Privacy Bill of Rights*, CPBR）。该法案的最大变化是，在公司收集数据到使用数据的全生命周期内，赋予个人对其数据信息的控制权。同年，联邦贸易委员会（Federal Trade Commission，FTC）发布了题为《在一个快速变化的时代保护消费者隐私》的报告，呼吁国会给予消费者更多的数据控制权，以促进数据经纪人对个人数据信

---

① Daniel J. Solove, Paul M. Schwartz, *Information Privacy Law*, Valencia: Aspen Publishers, 2009, p.2.

息的合理使用。[①]

  相对于美国，虽然欧盟（EU）并不是一个完全成熟的联邦，但在数据隐私保护方面，却选择了高度协调的方式。从历史上看，德国是第一个采用数据保护法令的国家，先从黑森州（Hessen）开始，进而发展成国家层面的立法。德国《联邦数据保护法》是专门为保护个人信息制定的统一立法。在这部立法中虽未明确区分隐私权和个人信息权，但已承认了个人信息权，只不过将其归属于隐私权的一部分。最早提出"个人信息权"概念的是德国学者威廉·施泰因米勒（Wilhelm Steinmüller）和贝恩德·卢特贝克（Bernd Lutterbeck），而最早的实践运用是在 1983 年德国人口普查法案判决中。该判决将个人信息权作为"资讯自决权"（Informationelle Selbstbestimmungsrecht），是指"个人依照法律控制自己的个人信息并决定是否被收集和利用的权利"[②]。随后，其他欧洲国家纷纷效仿，1995 年欧盟《个人数据保护指令》（Directive on the Protection of Individuals with Regard to the Processing of Personal Data and on the Free Movement of Such Data, DPD）制定，标志着整个欧盟数据保护框架基本建立，明确了数据隐私蕴含人格权、信息自决权等权利属性。此外，"被遗忘权"是欧盟 2012 年 1 月 25 日发布的个人数据保护立法提案中正式提出的新概念，即请求个人信息控制者对已经发布在网络上不恰当的、过时的、会导致其社会评价降

---

① Jules Polonetsky, Omer Tene, "Privacy and Big Data: Making Ends Meet", *Stanford Law Review*, Vol.66, No.25（2013）, pp.25–26.

② 王利明：《论个人信息权的法律保护——以个人信息权与隐私权的界分为中心》，《现代法学》2013 年第 7 期。

低的信息进行删除的权利。[1] 对此，美国有学者提出了被遗忘权的适用困境，尤其是个人真实信息披露（披露后将使其社会评价降低）的情形当如何对待[2]。被遗忘权主要适用于网络侵权，也是与互联网发展相伴而生的"时代产物"，然而相对于网络时代，大数据时代以信息采集、传播更为隐秘、迅速、难以察觉为特征，被遗忘权的行使必然受到限制。

从欧美法比较来看，美国数据隐私保护散见于包括 CPBR 在内的系列法规中，而欧盟则采取专门立法形式对欧盟范围内的数据隐私实行统一保护。综合上述比较法分析，美国和欧洲在信息隐私处理方式上也存在差异，其根源就是在于权利来源的不同：欧洲将个人信息权赋予个人，即个人拥有信息使用和转让的独占控制权；而美国现行的隐私法是由侵权法发展起来的，只有当法院认定行为已造成损害后果和存在过错，并超过了其他公共政策考量，隐私权才受到保护[3]。

（二）财产权语境

《删除：大数据取舍之道》一书阐述了"信息隐私财产"模型。保罗·施瓦茨（Paul Schwartz）认为，美国人应该拥有一种描述个人信息的产权——决定个人信息去向和使用方式的专有权。[4] 该模型体现出一种更加动态的财产利益捆绑，体系构建主要集中在对信息二次

---

[1]　杨立新、韩煦：《被遗忘权的中国本土化及法律适用》，《法学论坛》2015 年第 2 期。

[2]　Title VII of the Civil Rights Act of 1964, 42 U.S.C. § 2000e（2006）．

[3]　Jane Yakowitz Bambauer, "The New Intrusion", *Notre Dame Law Review*, Vol.88, No.1（2012），pp.205–277.

[4]　Paul M. Schwartz, "Property, Privacy, and Personal Data", *Harvard Law Review*, Vol.117, 2004, pp.2056–2128.

使用或传播的限制上，具体包含信息的不可剥夺性、违约、权利退出、赔偿金等内容。①

第一，财产化之挑战。在数据驱动型经济中，建立复杂客户档案的竞争变得越来越强，排他性成为首要考量的因素，这是大数据"财产化"的根本出发点。支持数据财产化的理由还包括：在竞争和（社会）成本方面，个人数据财产化对企业和消费者来说都有积极影响，可以促成企业和个人之间的具体合作；在信息不对称和市场失灵情况下，赋予公民个人数据财产权，会对刺激竞争产生深远影响；企业可能被迫内化成本和改善个人数据的收集和处理方式，将更有利于企业和个人；如果个人数据可以由数据用户（受益者）"付费"，数据公司可能会受到激励，将更多的注意力放在保护个人数据免受数据泄露的影响上；等等。而由于数据信息具有界限不明确、流动性、不可控性等特点，与传统财产权理论不相融合，有许多学者对大数据"财产化"持反对意见。概括而言，反对数据产权化的理由主要集中在："资源"作为财产权客体，要求具有竞争性、排他性和稀缺性，而数据信息通常被认为是一种公共产品，"排斥"往往过于昂贵，又由于生产成本低，信息本身就拥有了"内在非竞争性"，与传统财产权理论扞格不入。在笔者看来，如果对个人数据赋予传统财产权，将面临以下问题：首先，个人数据中人格利益的"商品化"困境。个人数据与个人身份有关，传播或泄露个人数据信息特别是敏感数据会给个体带来极大痛苦，因此必须关照道德利益，而道德利益难以商品化。其次，个人数据的"不

---

① Frank Pasquale, *The Black Box Society*, Cambridge: Harvard Press, 2015，pp.2077–2079.

可控性"。这与大数据特征有关。大数据源于数据生产、收集的能力和速度大幅提升①，即大数据技术使访问、收集、传送、分享数据的能力极大释放，数据信息流动甚至跨境流动趋向畅通无阻、不易控制，故此个人数据产权的实现存在困难。最后，物权对象边界难以确定。王泽鉴将物权客体——物定义为"人的身体之外，能为人力所支配，具有独立性，能满足人类社会生活需要的有体物及自然力"。② 大数据时代，数据无形性、动态性、传播特殊性等无法满足物权特定和公示公信的基本要求；数据集二次利用也使其估价变得愈发困难。

第二，准财产化的设想。"准财产"被定义为一种类似财产利益的范畴。准财产利益在有限的条件下，通过关系权利机制来模拟财产的排他性框架。在数据驱动型经济中，数据挖掘、聚合、分析都存在技术因素和生产成本，由此带来的市场竞争优势使排他性成为现实，甚至数据控制者会通过技术基础设施、应用加密技术等来阻止对个人数据的访问。法律和经济方面的研究证实，如果立法认可并没有赋予事实上的财产权，它们将以一种与排除其他资源的能力相称的方式分配，比如赋予准财产权。"准财产权"概念最早运用于与葬礼有关的权利义务中，早期普通法并未赋予对尸体的产权或所有权，但基于尸体免受侵犯而赋予了准财产权。③ 准财产权是传统财产权的延伸，实

① McKinsey Global Institute, "Big Data: The Next Frontier for Innovation, Competition, and Productivity", https://www.mckinsey.com/business-functions/mckinsey-digital/our-insights/big-data-the-next-frontier-for-innovation#.

② 王泽鉴:《民法物权》，中国政法大学出版社 2001 年版，第 52 页。

③ Gianclaudio Malgieri, "'Ownership'of Customer（Big）Data in the European Union: Quasi-Property as Comparative Solution", *Journal of Internet Law*, Vol.20, No.5（2016）, pp.1–37.

质上是由法律创建一种有限排他性的功能。关于准财产（权）化的设想，美国学者提出了两种不同的解决方案：知识产权保护和商业秘密保护①。前者是将欧盟知识产权框架运用于个人数据，即赋予个人数据经济利益的同时，也关照道德权利，如保护数据完整性、准确性等权益。后者是通过合同许可的方式对信息进行使用，实际上是以美国《统一计算机信息交易法》（UCITA）为基础。商业秘密作为一种准财产权，提供事后保护，以防止第三方使用受保护的信息。② 与数据财产权相对应，个人数据准财产权的合理性主要有以下几点理由：首先，个人身份无法"商品化"。个人数据与个人身份密切联系，尤其在大数据时代数据转移的隐匿性加剧了个人数据控制难度。同时在数据流通和数据共享过程中，一旦某些数据与特定主体身份联系在一起，匿名化处理等技术措施将失去意义。其次，数据利益的竞争需要。如今各国都非常重视大数据发展应用，大数据被视为国际贸易竞争中重要的战略资源，只有数据流通才能实现国际贸易中的纵向竞争和横向竞争。因此，法律需赋予其有限的排他权，以保护数据利益当事人的合法权利。最后，保护客体界限难以确定。大数据时代的个人数据是动态集聚的，而物权保护需要严格静止地界定其对象边界，显然个人数据物权保护并非可行路径。相对而言，准财产（权）化是一个解决方案，它可以通过法律描述保护主题、类别、特点等来回避对

---

① 在我国，《民法典》已将商业秘密纳入知识产权客体范围。但在《民法典》颁布实施之前，商业秘密由《反不正当竞争法》保护。参见崔国斌：《大数据有限排他权的基础理论》，《法学研究》2019 年第 5 期。

② UTSA § 1（2）（ii）（C）.

保护客体进行精准定义，即明确"标的物的存在性"，同时对权力交叉可能性保持一定容忍度。

综上，通过对个人数据的准财产属性化来重新概念化个人数据权利：以准财产权形式来保护个人数据，是建构以经济社会发展为中心，兼顾多元利益主体及其相互利益关系的保护。因为传统意义上的财产权类似于"绝对统治"，这对于信息经济来说是不合适的；数据隐私很大程度上依赖于某些信息产生的"背景"。此外，在大数据"液态"世界中，很难确定权利边界，等等。这些现实困境促使我们寻找一种更加"虚无"和事后保护的形式。

小　结

本章首先梳理了"数据中心主义""个人中心主义""利益平衡理论"等大数据保护的基础理论，并进行了分析和评述，其中"利益平衡理论"对大数据知识产权保护具有重要指导意义，有利于协调和解决隐私利益与大数据国家利益、商业利益等的价值冲突，大数据垄断与竞争之间的利益冲突、上游创新与下游创新之间的固有矛盾等；其次，阐述了大数据保护的价值目标，比较了大数据保护的权利语境及其保护模式。研究发现，诚然传统人格权和财产权诞生于"小数据"时代，但对于"大数据"时代的数据保护也具有一定的适应性和延展性。不过在大数据时代，数据访问、收集、传送、分享数据的能力得到极大释放和拓展，大数据所特有的数据大小和规模、数据生成和处理速度、分析数据的不同形式和范围及数据准确性等是"小数据"不可比拟的，对于大数据保护而言，传统人格权与财产权均面临巨大挑战，一方面我们需要寻求理论突破，进一步挖掘传统权利延伸保护的适配性和合理性；另一方面也可以打破人格权与财产权"二分法"界限，探索兼顾财产排他性和道德属性的准财产权予以保护的路径和方法。值得一提的是，尽管我国法学理论中并无准财产权的说法，但鉴于他国传统财产权与准财产权的内涵界分，不难看出，知识产权与准财产权存在内在的逻辑统一，故为我们进一步的大数据知识产权保护研究提供一定的理论参考。

第三章

大数据知识产权保护模式的域外法比较

　　基于前文论述，大数据发展和应用一头连着市场、一头连着创新，故知识产权必将有所作为。伴随着大数据和人工智能时代的到来，数据不仅是重要的战略资源，还是文化传播、企业竞争、科技创新、民主对话等的基本要素。大数据及新一代人工智能发展都离不开海量数据的收集、存储、分析和使用，如何明确和界分数据相关参与人的权利和义务，以保证数据资源的充足供给和有效利用，对于大数据的创新发展至关重要。相应地，构建起激励大数据创新发展的法律体系尤其是知识产权体系，是当前值得研究的重要课题。从现行知识产权法来看，除专利权、商标权、著作权等狭义知识产权外，还包括商业秘密权、集成电路布图设计权等广义知识产权。就大数据知识产权保护而言，立法上，域外法实践中无外采取著作权保护或商业秘密保护两种模式，尚有许多制度问题有待研究，如数据算法能否获得专利权保护等；司法上，法院依靠反不正当竞争法中模糊的"商业道德"保护条款来平衡数据市场主体的重大利益，不再让人满意，社会期待更清晰的理论指引和更明确的产权规则。[①]

"大数据"概念的模糊性给知识产权保护模型的选择带来了更多的复杂性、多样性和不确定性。"大数据"包含了结构化、半结构化、非结构化及多结构化等不同的数据类型。其中半结构化数据实为结构化数据的特殊形态，而非结构化数据是指数据结构不规则或不完整，没有预定义的数据模型，不方便用数据库二维逻辑表来表现的数据。由此可见，非结构化数据比起结构化数据更不易控制，比如文本数据、视频数据、音频数据等都属于非结构化的数据。但事实上，非结构化的大数据源并不常见，反倒是半结构化数据和多结构化数据最为常见。大数据大多属于半结构化数据，半结构化数据具备可理解的逻辑流程和格式，只是这些格式并非对用户都表现出了友好的姿态，半结构化数据从某种程度上也可以被称作多结构化数据，即大量无价值的数据包裹着有价值的数据，如网络日志就是典型的半结构化数据，在这类数据集合中往往是有价值数据与无价值数据相互混杂的。然则根据前文分析，大数据价值并不取决于数据自身的价值，而更多体现在数据分析和利用上，透过这一结论，我们不难发现，数据数量是影响数据质量的重要因素。除上述分类外，有学者以数据应用领域为划分标准，将数据分成科学数据、个人信息、商业统计数据等，或者将已经成为知识产权客体的数据单列出来，再细分为商业秘密（营业秘密、技术秘密）、作品（文字作品、美术作品与视听作品等）、录音录

---

① 崔国斌：《大数据有限排他权的基础理论》，《法学研究》2019 年第 5 期。

像制品等。① 也有学者将数据划分为个人数据和企业数据，其中对企业数据采取知识产权保护进行探讨和评述。② 还有学者将独立于知识产权客体之外的数据集合起来，作为一个整体即"大数据集合"，探讨其知识产权保护问题。③ 笔者认为，研究大数据知识产权保护就不能忽视大数据的科学分类和法律分类，目前已经成为知识产权客体的数据只是极小部分，它们是"小数据"时代的产物，与大数据时代存在本质的不同，故此我们需要打破原有格局，从大数据特征入手，将数据的科学分类与法律分类进行有机融合，重构知识产权的保护体系。

追本溯源，对于知识产权的正当性解释，经典的劳动理论学说或自然权学说无疑具有重要的基础性作用和较强的理论说服力。然而在我国知识产权领域大多数学者看来，功利主义才是产权激励的重要指引和理论依据。④ 倘若市场本身已经提供了替代性激励机制，如领先者可以有效获得合理的投资回报，那么额外的产权保护机制就是多余的。基于此，大数据保护是否需要知识产权，或者是否需要特殊知识产权，都需要根植于大数据市场中进行评估和考量。本章将在域外法比较基础上，综合前文所述基础理论以及功利主义，提出大数据知识产权保护模式的基本构想，为立法者提供一定的参考。

---

① 参见方巍：《大数据：概念、技术及应用研究综述》，《南京信息工程大学学报（自然科学版）》2014 年第 5 期。

② 参见梅夏英：《在分享和控制之间：数据保护的私法局限和公共秩序构建》，《中外法学》2019 年第 4 期。

③ 崔国斌：《大数据有限排他权的基础理论》，《法学研究》2019 年第 5 期。

④ 参见程啸：《论大数据时代的个人数据权利》，《中国社会科学》2018 年第 3 期。

第一节　欧盟大数据立法实践："专门化 +
准财产化" 保护模式

随着社会经济进入大数据和人工智能时代，从国家治理等宏观层面，到经济社会发展等中观层面，再到人们生活方式等微观层面，都发生了巨大而深刻的变革。这就需要从立法上予以回应，厘清激励创新和隐私保护等法律关系，明确大数据市场中的权利义务关系，设置权利内容和权利限制，提供合理的产权保护机制。从域外法实践来看，商业秘密保护机制和版权（著作权）保护是欧盟和美国现行立法中有迹可循的知识产权保护模式。从理论角度，有学者试图在知识产权法现有框架之外寻找解决方案如模拟物权法[①]，也有学者建议依循反不正当竞争法规则，或采取著作权法框架下的邻接权模式，抑或特殊立法模式[②]，等等。大数据自身的复杂性和应用场景的多样性，决定了知识产权保护模式的多元化，单一模式不足以应对不同数据类型和应用场域的数据保护。下面我们主要以欧盟为例，阐释其专门化立法模式及知识产权（准财产化）保护机制。

2016 年 4 月，历时多年的起草和谈判，欧盟终于通过了《一般数据保护条例》[③]（GDPR）。该条例已于 2018 年 5 月 25 日生效，取代了

---

① 参见崔国斌：《知识产权法官造法批判》，《中国法学》2016 年第 1 期。
② 参见崔国斌：《大数据有限排他权的基础理论》，《法学研究》2019 年第 5 期。
③ 也称《一般数据保护条例》，参见周汉华：《探索激励相容的个人数据治理之道——个人信息保护法的立法方向》，《法学研究》2018 年第 2 期。

1995 年的《数据保护指令》（DPD），并将在未来几十年内指导欧盟。尽管 DPD 为个人数据保护提供了一个前所未有的法律基础，但保护措施并未达到兼顾数据保护和数据利用平衡、推动信息技术巨大进步的预期效果。而且，这项立法的性质决定了欧盟成员国须制定国内法以保护个人数据，因而并无全面统一的执行标准。[①]GDPR 与 DPD 的区别就在于：DPD 是广泛的目标驱动型立法，为成员国提供指导方针，但执行依赖于在规定的时间内成员国独立通过一项法律。相反，GDPR 是具体立法，对每个成员国都有约束力。[②] 在数字经济及其生态系统形成的关键时刻，大数据创造社会价值、促进社会福利和实现各类社会目标的广阔机遇正在显现，同时大数据权利和自由带来的重大风险也悄然蔓延，因而 GDPR 的实施意义重大，预示着大数据保护立法的发展新趋势，可能成为引领全球大数据保护立法的标杆。欧盟 GDPR 作为大数据保护专门立法，虽未直接提及知识产权保护，却在基本原则和具体规则中蕴含知识产权保护机制，并体现出以下几方面特点。

一、蕴藏数据保护与激励创新的平衡机制

数据分析和数据保护之间存在双重紧张关系，GDPR 是一项以"保护自然人"为偏好的立法，主要致力于限制大数据分析可能产生的风

[①]　European Commission, "Agreement on Commission's EU Data Protection Reform will Boost Digital Single Market", https://ec.europa.eu/commission/presscorner/detail/en/ip_15_6321.

[②]　Beata A.Safari, "Intangible Privacy Rights: How Europe's GDPR will Set a New Global Standard for Personal Data Protection", *Seton Hall Law Review*, Vol.47, No.3（2017）, pp.809–849.

险。除此之外，GDPR 旨在最大限度地寻求大数据分析和保护的平衡，协调整个欧盟的数据隐私法，为所有欧盟公民数据隐私赋权及提供保护，并重塑覆盖整个地区的组织（如企业）处理数据隐私的方式。这一立法目的既凸显技术中立性特征，又明确表达了以个人数据控制权为核心的立法偏好。因而整个制度设计和安排都在既强化个人数据控制权又为技术发展提供必要空间的有效平衡上展开，具体表现在其重要原则、具体制度和基本权属等各个方面。

（一）目的限制原则

GDPR 第 5（1）（b）条规定了目的限制原则，即收集个人数据必须以"明确和合法"为目的，但"统计目的"的数据处理并不会被认为是不相容的。此外，GDPR 还规定"如果后续的数据处理超出指定的最初目的但与之兼容，这样的处理是被允许的"，这是目的限制原则的"兼容性"条款[1]。GDPR 规定目的限制原则意在使个人数据所有人能控制其个人数据信息，同时削弱数据持有人所获得的市场垄断优势，促使初创期的企业参与竞争。[2] 换言之，目的限制原则试图在加强个人数据隐私保护的同时，最大限度地赋予大数据市场充分的自由竞争，鼓励更多潜在的市场主体参与竞争，进而激发大数据发展和创新的动力和活力。目的限制原则是欧盟数据保护制度的基石之一，为全面保障个人数据控制权提供指引。GDPR 之所以建立"兼容性"规则，其目的之一是为大数据应用中采取各种技

---

[1] GDPR Article 6（4）（a–e）.

[2] Tal Z. Zarsky, "Transparent Predictions", *University of Illinois Law Review*, No.4（2013）, pp.1503–1570.

术保障措施提供立法依据。① 这与著作权法中有关技术措施的规定有着类似功能。

自 GDPR 实施以来，目的限制原则一直备受争议。在理论层面上，有学者指出"目的限制原则事实上不是削弱垄断而是阻碍竞争，因为它限制了初创期企业收集二级市场数据信息并利用它进入新业务领域的能力"②；另有学者提出，目的限制原则体现出一种事后管控的工具价值，即通过密切监控数据的使用来促进构建信任和防止滥用，而不是阻止事前分析③，由此推断，目的限制原则进一步促成垄断，使已经获得客户数据的企业可以保持市场活跃度，从而最终得到来自数据对象"所有人"的适当授权而进行数据分析。在实践层面上，大数据分析与传统数据分析不同，前者往往不具有明确的目的，其收集、使用、分析、预测等是通过电子器件、互联网等设备自动进行的，而数据集也处于动态积累的过程中，加之大数据算法的多样性和个性化，倘若为了满足目的限制原则，大数据分析者需要事先通知数据"所有人"其未来分析的目的，可能代价高昂、困难甚至不可能，这是由大数据分析技术目前呈现出的前景广阔而目的模糊特征所决定的。此外，大数据广泛的应用目的甚至可能被认为是"非法的"，从

① Tal Z. Zarsky, "Incompatible: The GDPR in the Age of Big Data, Seton Hall Law Review", *Seton Hall Law Review*, Vol.47, No.4（2017）, pp.995–1020.

② Tai Z. Zarsky, "The Privacy-Innovation Conundrum", *Lewis & Clark Law Review*, Vol.19, No.1（2015）, pp.115–168.

③ Tai Z. Zarsky, "Desperately Seeking Solutions: Using Implementation-Based Solutions for the Troubles of Information Privacy in the Age of Data Mining and the Internet Society", *Maine Law Review*, Vol.56, No.1（2004）, pp.13–60.

而导致不可接受的处理。① 与 DPD 相比，GDPR 的规定虽已经采取了缓和目的限制原则与大数据分析前景冲突的积极态度，但目前的规定仍值得商榷。此外，所提供的保障措施复杂而难以执行，存在不确定性罅隙。

综上，由于大数据分析与小数据统计分析不同，前者往往不具有明确目的，在此前提下确立目的限制原则对于平衡数据保护和数据利用之关系，具有重要的理论价值。一方面，目的限制原则可通过事先授权方式，促使数据企业改善晦涩难懂的技术语言及复杂的"知情同意"程序，帮助数据主体更好地了解收集、使用个人数据的目的，以便其行使是否书面授权的自决权；另一方面，目的限制原则包含了法律授权的蕴意，只要满足法律或合同之目的的使用都是被许可的，不再重复履行"知情同意"程序，从而有效降低了交易成本。但实践中，目的限制原则如何为人们提供具体的行为标准② 和为司法提供裁判的确定依据，还需要进一步细化研究。至于"兼容性"规定，反对者甚多，代表性观点认为，除"统计目的"的例外规定外，"兼容性"解释过于抽象，在大数据环境中较难实现：首先，"兼容性"要求考虑数据被收集的上下文，这与大数据的应用理念相悖，大数据分析预测效果极大程度上取决于数据的广度和数据集范围，它需要纵向和横向、现在和未来的不同数据；其次，"兼容性"要求考虑"个人数

---

① Viktor Mayer-Schönberger, "Regime Change? Enabling Big Data through Europe's New Data Protection Regulation", *Columbia Science and Technology Law Review*, Vol. 17, No.2 (2016), pp.315–335.

② 如指导数据利益关系人之间进行有效磋商并订立授权合同，如何指导数据控制者履行"通知"义务，如何为数据主体的自决权行使提供基本遵循等。

据的性质"，这是在应用大数据措施时不断变化的另一个因素；最后，"兼容性"要求使用可能的安全措施，比如假名化（pseydonymization）措施会大大削弱数据质量和洞察力，损失可识别数据的精度。笔者赞同该观点，"兼容性"规定存在适用困境，有待进一步解释和阐明，同时在一些特殊领域如医疗大数据中，"兼容性"规定极易引发跨越道德边界的风险，须审慎适之。

（二）知情同意规则

GDPR 规定了数据主体或消费者的同意权，"同意"应做书面声明，并要求"与其他事项清楚地区别开来，以一种可理解和容易理解的形式，使用清楚和简明的语言"。同时规定了非书面形式的例外要求，"没有书面形式的，控制者必须能够证明已经给出了同意"。"同意可在任何时候撤回，但任何已获同意而处理的资料均可依法处理；在同意前，数据控制者有义务告知数据主体有撤销同意的权利。"①GDPR第 8 条规定了未成年人同意权。GDPR 第 9 条第 2 款规定，对个人特殊类型的数据同意必须明确。为防止数据主体的"同意"是在与数据控制者双方地位不平等的情况下作出的，关于"数据主体是否明确同意"的举证责任由数据控制者承担，同时在不平等情况下作出的同意还可能被宣告无效。与 DPD 相比，GDPR 有关同意权的规定更加细化，并试图打破数据主体与控制者之间明显的不平衡。知情同意规则起源于美国法，其兴起和发展受到西方自由主义思想影响，与 20 世纪西方社会的权利运动有关。知情同意最初是作为一项基本的医学伦理原

———————————

① GDPR Article 7.

则而存在的，随后被侵权法等法律规范借鉴，并广泛地被许多国家所采纳。在大数据保护中，知情同意规则的立法意图，一方面是最大限度保护个人数据权利，另一方面是通过个人事前授权的方式让后续数据利用变得更顺畅、更高效，体现了数据保护与数据利用之间的立法技术平衡。

关于知情同意规则的评述，前文已有论及，在此不予赘述。

（三）数据可移植性（data portability）[1]

数据可移植性（权利）可能会对全球的隐私保护预期产生广泛影响。对数据主体来说，他们渴望对其个人数据信息拥有更强大的控制力。与此同时，对于那些每天要面对成百上千的请求删除或重组个人数据的公司来说，数据使用的成本过于高昂，其发展动机会由此减少。数据可移植性（权利）体现在 GDPR 第 20 条中，它是 DPD 中访问权的演进。[2] 数据主体有权以通用电子形式提供数据。数据可移植性让数据主体获得一个完整复制有关个人数据信息的权利，因为它意图在一定程度上阻却数据控制者之间的直接分享，使数据主体对其个人数据拥有更有利的控制力。数据可移植性可适用于同意授权或者数据合同履行之情形。具体而言，数据主体有权将与个人信息有关的主题数据以结构化、常用的及机器可读的形式传给控制者；有权将这些数据不受限制、直接地、以自动的方式传递给其他控制者。关于数据可移植性权利的行使，需要考量的因素包括：处理的目的；数据存储

---

① 经济学或竞争法学研究中常常将其称为"数据可携带性"，见本书第一章。

② Lucio Scudiero, "Bringing Your Data Everywhere: A Legal Reading of the Right to Portability", *European Data Protection Law Review*, Vol.3, No.1（2017），pp.119–127.

时间；涉及的个人资料类别；已披露或将披露个人资料的收件人或类别等。

　　值得一提的是，数据可移植性（权利）是一个有争议的概念，它涉及知识产权和反垄断等方面的进一步问题。数据可移植性的立法基础是将个人数据视为个人资产，由此角度看，"可移植性"并非隐私法概念，而是竞争法范畴之概念，数据可移植性权利的行使可能影响数据市场竞争，除非交易价格合理，否则个人数据仍在数据个人的掌控之中。反对的观点包括：朱莉·科恩（Julie Cohen）曾提出质疑，"对于个人可识别数据，若赋予个人其专属财产权，可能会导致更多的交易而保护更少的隐私"；"数据可移植性"会损害那些已经投入大量技术和资源，以商业价值方式收集、组织和分享数据的公司所获得的竞争优势，从而扼杀创新。笔者部分赞同上述观点，个人数据信息不宜视为个人的专属资产，独立的产权化保护方式不仅割裂了于个人数据之上极其重要的人格利益，还将损害企业的商业秘密权或其他知识产权，当然个人数据信息也不能视为企业的专属资产，而应当视为一种联合资源和价值创造创新的重要基础。从立法者角度，数据可移植性的设置应当是为利益平衡而服务的，但由于此概念的模糊性和不确定性，导致该规定事实上背离了立法初衷，因此数据可移植性的内涵尚待厘清，并进一步探索适用的标准，以免造成执法碎片化等问题。此外，本书第一章已经探讨了数据可移植性对于大数据市场及共享数据动机的影响，基于此，数据可移植性之规定是否值得借鉴或引入还需深入研究。

二、蕴含财产权利和道德权利的融合规则

欧盟知识产权框架特别是版权法框架，一直包含着经济权利和个人不可剥夺的道德权利，即经济利益和道德利益共同凝结于知识产权之上。GDPR 是将欧盟知识产权框架应用于个人数据保护中，赋予数据主体对其个人数据既享有经济权利，又享有道德权利。具体而言，主要体现在数据最小化原则、分层制度、纠正权、删除权等相关规定中。

（一）数据最小化原则

数据最小化原则是 GDPR 的又一基石，进一步强化个人数据控制权。GDPR 第 5（1）（c）条明确指出，数据必须"限于与所处理的目的有关的必要条件"。数据最小化原则涉及多个维度：最初收集的数据的范围和类别、有限时间中可以保留的个人数据，以及应当删除的与预期使用目的不相符的个人数据。从立法者的意图出发，数据最小化原则的遵循意味着，既能最大限度地保护个人数据权益，又能为网络安全提供保障。理由是，数据控制者保存个人信息的时间越长，数据被内外部侵入的风险越大。由于涉及成本、技术等问题，数据控制者没有足够的动机来采用最优的网络安全措施，这很可能增加数据泄漏的风险。理论上，数据最小化的要求可以使上述风险最小化；同时仅仅由控制者持有个人数据可能会破坏数据主体的自主性，数据最小化也减少了这些担忧。事实上，数据最小化原则可追溯到 DPD 的规定中，但 GDPR 赋予数据最小化原则更加收紧的适用标准，GDPR 规定的个人数据"仅限于必要的内容"。

关于数据最小化原则是否与大数据分析存在冲突的问题，有学者明确指出"数据最小化原则与大数据分析实践之间的冲突是直观的"①。在大数据应用利益驱使下，公司会收集和保留尽可能多的数据。随着大数据技术及其相关领域的研究应用，大数据未来广阔天地的信念不断增强，大数据对经济社会发展的潜在价值和效用也在不断扩大化。基于此，数据最小化原则被视为将限制"大数据计划"的成功，进而破坏其社会效用。针对这些担忧，GDPR 提供了一些例外措施以弥补上述缺陷，譬如在符合"统计目的"的情况下，GDPR 承认数据最小化可以通过使用"假名"来实现；应用技术和必要保障措施不允许对数据主体进行识别等。但这些措施仍可能限制大数据分析的效用和效益，如以删除标识符来达到"使用假名"的效果，可能影响分析预测质量。从立法目的来看，数据最小化原则更多关照的是个人数据权利包括道德权利，以及数据安全问题，其重要程度不言而喻。但从立法技术来看，该规定似乎并不高明，因为保护数据隐私和安全，也可以采取事后监管的方式，制定监管规范并规定不可接受的使用和滥用情形来加以解决，如此更有利于实现数据保护与数据利用的平衡。

（二）分层制度

以个人数据控制权为核心的立法偏好还体现在 GDPR 所建立的分层制度中。分层制度的前提是将数据进行分类，从而对不同类型数据实行不同层级的保护。在此制度下，某些形式的数据类别和数据集被

---

① Tal Z. Zarsky, "Incompatible: The GDPR in the Age of Big Data", *Seton Hall Law Review*, Vol. 47, No.4（2017），pp.995–1020.

区别对待。DPD 第 8（1）条禁止处理"揭示种族或族裔出身、政治观点、宗教或哲学信仰、工会会员资格和处理有关健康或性生活"的数据，同时提供了狭窄的例外情况。该规定为 GDPR 所继承，同时进一步扩大了特殊类别数据的范围，即该类型数据还包括"基因数据、生物特征数据，以及能确定自然人身份、与性取向有关的数据"。处理上述数据信息必须经过数据主体的"明确"同意或符合具体例外情况之规定。①GDPR 设置了有别于一般个人数据的"特殊类别"数据，即所谓"敏感数据"。此外，GDPR 还提供例外情况下的处理，特别涉及与健康有关的信息。② 可见，GDPR 为特殊类别的个人数据信息提供更高级别的保护。因为，传播或泄露这些数据信息会给个人带来更大的痛苦，并可能产生巨大的危害。基于此，GDPR 采取将数据信息分层保护的制度来加强对特殊类别数据信息的保护，与 DPD 相比最显著的变化体现在对健康领域个人数据的强化保护方面，同时结合目的限制原则，使数据主体对其个人数据拥有更强的控制力。分层制度也是保护个人数据之道德利益的直接体现。

　　分层制度是 GDPR 中争议较大的又一条款，主要围绕分层制度的合理性和可行性展开论争。一是合理性分析，即在大数据时代，对特定类别数据加强保护是否合理。分层制度的象征意义在于：透过这些规则，法律提供明确信号表明，特殊数据损害程度必将大于普通数据损害，因此应获得更大关照。根据安托瓦妮特·鲁弗鲁瓦（Antoinette Rouvroy）的说法，大数据展开前后敏感数据所带来的歧视存在实质

---

① GDPR Article 9（1）（a）.

② GDPR Article 9（1）（b–j）.

性差别。^① 二是可行性分析，具体表现为对分层制度适用的拉

大数据要先区分为"常规"和"特别"，再适用不同的法律规

处理，会拖累大数据流程。同时，大数据从本质上可能破坏整

类别之间的区别。^② 在数字时代，新形式的歧视并不必然来自

意图。相反，歧视由数据驱动，通常不涉及意图，并且不沿着规

特殊类别标准实现清晰界分。因而通过建立歧视性因素来辨别数

型的做法是不稳定的，甚至是不可预测的，随着时间的推移，其

的效果也会变得更加复杂。

　　概览上述观点，至少有三点鳞隙会削弱分层制度的逻辑和效用，

需要我们特别关注：一是分层制度将不可避免地导致实行成本上升。

区分不同数据集属于特殊类别还是普通类别进而适用不同的监管规

则，给监管机构带来的成本上升问题自不必说。容易忽略的是，司法

成本问题，倘若进入司法程序，法院须先甄别数据类型，从而产生鉴

定等相应成本，更可能转嫁到当事人头上。二是分层制度将产生巨大

的不确定性。如何界分特殊数据和普通数据，大数据是否会导致标准

的变化等都需要进一步思考，同时不确定性问题通常与成本问题捆绑

加剧两者的负面影响。由于成本对小公司而言更为棘手，因而这一制

度也会加重其负担，最终导致大公司与小公司的利益愈发失衡。三是

---

① G. Spindler, P. Schmechel, "Personal Data and Encryption in the European General Data Pro-
　　tection Regulation", *Journal of Intellectual Property, Information Technology and Electronic
　　Commerce Law*, Vol.7, No.2（2016），pp.163–177.

② Lokke Moerel, Corien Prins, "Privacy for the Homo Digitalis:Proposal for a New Regulatory
　　Framework for Data Protectionin the Light of Big Data and the Internet of Things", *Social Sci-
　　ence Electronic Publishing*, No.6（2011），pp.51–52.

制度将会不断被稀释而最终失去意义。随着大数据越来越广泛的
用，所涉及的特殊类别数据将不断扩充，以至于特殊数据范围没有
明确边界并处于动态开放的状态，最终使分层制度为特殊数据提供特
殊待遇的目的丧失意义。

（三）纠正权和删除权

GDPR 赋予数据主体以纠正其个人数据的权利，主要体现在第
16 条的规定中。GDPR 第 16 条规定，数据主体有权纠正与其有关的
个人数据资料的任何不准确之处；数据主体也可以要求补充完全不完
整的个人数据资料。[①] 可见，纠正权主要适用于处理普通类别个人数
据的情形。与此相对应的是，GDPR 禁止对特殊类别个人数据进行处
理，除非数据主体明确同意。GDPR 第 9 条规定，禁止对个人资料尤
其是揭露种族、政治面貌、宗教或信仰、基因、健康或性生活资料的
处理。[②] 此外，GDPR 限制了第三方对"健康数据"的转移，这类数
据必须由专门的医疗专业机构和人员来管理并承担保密责任。显然，
GDOR 第 16 条是个人数据道德权利保护的重要依据，与著作权法中
的修改权相类似。

删除权也称为被遗忘的权利，体现在 GDPR 第 17 条中。"数据主
体没有不当延误，有权要求数据控制者删除有关他或她的个人资料，
尤其具有如下情形：执行的数据不再具备必要的初始目的；数据主体
撤回其同意以及不再具备其他合法依据；处理的数据对象不具备合法

---

① GDPR Article 16.

② GDPR Article 9.

依据。"① 以上数据必须被删除以履行特定的法律义务。此外，GDPR 规定了不得行使删除权的五类情形：行使表达自由和信息自由的；信息控制者履行欧盟法或者成员国法律基于公共利益所规定的义务的；与公共健康等公共利益有关联的；基于公共利益而做档案工作、科学研究或信息统计的；提出、执行或者抗辩法律声索的。② 尽管 GDPR 在第 17 条的标题下将"删除的权利"与"被遗忘的权利"两者合并了，标题为"删除的权利"（即 DPD 中"被遗忘的权利"），关于被遗忘的权利和删除的权利是否内涵相同仍存在争论：有人认为，删除的权利和被遗忘的权利是可以互换的条款。也有人认为，这两者并非同一概念，因为被遗忘的权利包括"不违反任何规范的数据"，这种规范可以是指导或监管的任何一般性规定。"删除的权利"允许数据主体提出删除其个人数据的相关要求，特别是对于不完整或不准确的数据也可删除。此外，强制执行被遗忘的权利会导致删除个人信息，而不管这些信息是有害的还是非法处理的。从 GDPR 的规定来看，此"被遗忘的权利"与欧盟法院在"谷歌诉冈萨雷斯被遗忘权"案判决所界定的"被遗忘权"有所差别，后者指信息主体有权要求搜索引擎运营商对网络上存在的包含涉及自身不好的、不相关的、过分的信息的链接予以删除的权利。③ 前者的适用情形更为广泛，甚至包括数据主体撤回其同意的情形，这表明 GDPR 强化保护数据主体而非数据控制

---

① GDPR Article 17.

② Stephen Allen, "Remembering and Forgetting – Protecting Privacy Rights in the Digital Age", *European Data Protection Law Review*, Vol.38, No.1（2015），pp.164–177.

③ 杨立新、韩煦：《被遗忘权的中国本土化及法律适用》，《法学论坛》2015 年第 2 期。

者的立法偏好。同时，该条类似于著作权法中的保护作品完整权，蕴含着保护个人数据道德权利的立法态度。

三、体现技术中立和法律弹性的立法创新

在应对瞬息万变的技术变革所带来的新问题、新挑战，技术法律创新理应立足于以下四个主要立法目标：一是实现特定社会效果；二是具有同等效力的技术之间不歧视；三是保持技术中立性；四是不妨碍技术进步及法律未来，不需要经常修改法律以解决技术进展带来的问题。[①] 在立法方法上，"无论什么技术都应适用相同的方法，即实行执行中立性和法律潜在中立性"[②]。

针对大数据趋势可能带来的危害、偏见、风险或威胁，GDPR 的制度安排呈现出一种规则创新，即利用次级规则来解决新技术所带来的新问题，这种次级规则适用于数据保护的监管方面，也就是体现在程序性规定中。次要规则包括承认规则、裁决规则和变更规则。承认规则是对主要规则进行识别并理解为有效的规则；裁决规则规定了对违反主要规则的补救办法；变更规则允许创建、修改或抑制主要规则。

GDPR 采用次要规则是将某些程序性立法权力委托给成员国的国

---

① J. Drexl, "Position Paper of the Max Planck Institute for Innovation and Competition", *International Review of Intellectual Property and Competition Law*, Vol.46, No.6（2015），pp.1–10.

② Ugo Pagallo, "The Legal Challenges of Big Data: Putting Secondary Rules First in the Field of EU Data Protection", *European Data Protection Law Review*, No.3（2017），pp.36–46.

内法系统。例如，根据 GDPR 第 162 条和第 89 条（1）的规定，成员国可以设置基于统计目的的个人数据处理安全措施。[①]通过各成员国补充有益的法律规则以形成能维持欧盟水平的竞争性法律体系。但相反也可能存在碎片化风险。换句话说，立法权力下放给各会员国，可能导致整个欧盟存在不同的监管框架，譬如一些国家对大数据监管更加宽容，而其他国家则更加严格。在大数据的背景下，肯定会降低统一欧盟数据保护法规的协调力量。

综上，在技术与法律的互动过程中，法律不应成为抑制技术发展的障碍。相反，法律作为社会和个人行为规范，有责任关照技术创新和社会进步。然而，面对大数据时代技术创新的惊人速度以及技术本身所具有的先发性，规范性法律应致力于实现以下三个维度的平衡：其一，利用规范性法律实现技术革新过程中的风险管理和矫正权益失衡；其二，法律的实施并不妨碍技术革新；其三，法律无须经常修改以管理和保障不同的技术进展。这三者已成为大数据法律挑战和应对中不可回避的关键问题，GDPR "雇佣"次要规则的做法给予我们一个重要启示：面对新技术新问题的立法应采取适度开放性和灵活性的机制，弱化硬性规则的作用，通过实行"技术中立性"以关照法律的未来。

就欧盟大数据专门立法的总体框架而言，表面上是以隐私法为基础的，如其制度设计偏重于对个人数据的隐私保护，主要手段是通过确立数据主体相应的权利以限制数据实际控制者对个人数据的使用

---

① 　GDPR Article 89（1）（a）.

量,从而保护个人数据隐私权。但从本质上说,**GDPR** 的立法意图是在数据收集、使用、处理、分享过程中使处于利益不平衡的数据主体与数据控制者双方最大限度趋于平衡,同时 **GDPR** 对个人数据的保护既体现了财产权利,又关怀了道德权利。因此,欧盟大数据保护立法是将知识产权模型应用其中的观点并不为过,相应地,**GDPR** 是目前大数据立法专门化和准财产化的典型代表。

四、对我国数据保护立法的启示

欧盟《一般数据保护条例》(*Gerteral Data Protection Regulation*,**GDPR**)是全球第一个统一的区域性大数据立法。"**General**"一词表明,它是在欧盟成员国中无需转化为国内法而直接适用的法律规范。**GDPR** 虽是在 DPD 基础上制定的,但由上文分析可以看出,它已跳脱 DPD 原有的框架,并在法律原则、规则和权属等方面都呈现出与 DPD 不同的突破和创新。**GDPR** 的重要目标之一是旨在欧盟范围内保障数据流动的畅通、安全、公平,并致力于与美国之间形成数据保护和交易的协调。

第一,统一立法有利于实现数据保护标准的确定性和一致性。**GDPR** 给我们的启示之一是,构建了单一的法律框架,为形成数据保护统一标准、实现法律确定性和一致性等方面提供了根本保障,对营造公平竞争环境、指导企业和消费者行为等都是极为有利的。从 **GDPR** 的实质性条款来看,首先,通过制定严格的问责原则,减少了数据使用过程中不必要的繁文缛节,提高了数据交易效率;其次,

GDPR 的统一立法也减少了国家偏好所带来的数据交易风险和成本；最后，GDPR 引入了一些新的原则和规则，如目的限制原则、数据最小化原则、数据可移植性等都为数据保护和利用增加了透明度和一致性，进而增强欧盟各成员国数据保护和监管的可操作性。此外，新成立的欧洲数据保护委员会（European Data Protection Board）将最终迫使各成员国的数据保护当局（DPAs）进入欧盟，以便执行 GDPR 以及在数字单一市场上达成一致的解释。[①] 这一举措进一步推动实现欧盟数据立法的一致性和确定性。因此，我国可借鉴欧盟做法，采取大数据保护专门立法模式，以促进国内和国际两个层面的数据保护协调，实现数据保护标准和水平的确定性和一致性。

第二，统一立法有利于推动构建数字单一市场。欧盟采取统一立法模式预示着，欧盟致力于建立数据保护严格的数字单一市场，这将给其他国家及政府施加压力，即如果其经济想进入欧盟数字单一市场，必须提高数据保护标准。因此，部分国家（如日本）正讨论引入 GDPR 的类似条款，英国企业也在尽最大努力确保在英国脱欧的情况下，GDPR 也能得到充分的应用。与美国商业代表发布的"数字壁垒——欧洲的'恐怖景象'"形成鲜明对比的是，GDPR 被广泛接受并认为是国家间标准和值得信赖的数字市场的起点。由此可见，GDPR 在推动构建全球统一的数字单一市场方面具有重大影响，我国必须意识到这一重大变化，立足于国内和国际两个市场，加速大数据保护国内法的立法进程，同时加快融入数据保护和协调的全球化格

---

① 　Jan Philipp Albrecht, "How the GDPR will Change the World", *European Data Protection Law Review*, No.3（2016），pp.287–289.

局中。

第三，统一立法有利于夯实企业合法使用数据的法律基础。毫无疑问，GDPR 将会改变欧盟的数据保护实践。随着 GDPR 的实施，制裁和大量罚款的可能性将显著增加，这不仅基于 GDPR 制定的数据保护规则和实行的更高标准，还由于数据监管当局角色和职能的相应变化。故此许多跨国公司越来越清楚地认识到，GDPR 会使它们更难获得收集和处理个人数据的同意授权。但是正因为有了统一且透明度和确定性更高的数据保护法律规范，使得跨国企业更有信心把握其"合法权益"，以便合理利用"合法权益"来进行有效的数据收集和处理。当然公司能否有效利用"合法权益"，还需要在全面理解 GDPR 条文的基础上进行充分评估。就目前而言，我国数据监管部门要加强对本国跨境企业的培训和指导，全面解读 GDPR 条文及其背后逻辑，以引领企业合法实施跨境数据收集和处理，从而获取数据跨境流动利益。

第二节　美国大数据立法探索："隐私权 + 知识产权"保护模型

美国是联邦制国家，隐私法主要是由联邦部门制定的法规组成。美国《公平信用报告法案》（*Fair Credit Reporting Act*, FCRA）是 1970 年颁布的一部保护消费者信息隐私权的基本法律，包括消费者有权访问存储其财务信息的数据库等规定，对保护消费者的信息隐私起到重要作用。此外关于数据隐私，不得不提到《公平信息实践原则》（*Fair Information Practices*, FIPPs），正如胡夫纳格尔（Hoofnagle）所指出的，自从 1973 年美国卫生、教育和福利部门发布了 FIPPs 以来，关于数据隐私的对话几乎没有发生什么变化，它成为全球数据隐私法的支柱。然而进入大数据时代，"数字正义""算法正义""代码正义"等法律价值观逐渐走上前台，人们的身份、行为、意识不断受到数据分析、算法决策及代码编排的影响，"人们就很难再找回过去的隐私、自由和权利，而数字鸿沟、数据垄断、算法偏见、算法黑箱等又会加剧社会分化"[1]。特别是如前文所述，数据控制公司拥有更多接触元数据的机会，而元数据更容易创建，一经建立即可共享，能轻易突破隐私规则的束缚，使人们丧失合理隐私预期。据此，2012 年 2 月奥巴马在白宫公布了《消费者隐私权法案》（CPBR），要求在企业数据利用的全生命周期内，赋予消费者强大而有效的控制权。同年，联邦贸易委员会（FTC）也呼吁国会给予消费者更多的数据控制权，[2] 以确保数据控制者或经纪人使用个人数据信息的行为限制在合理合法合规范围内。

一、在大数据法律协调中数据隐私保护水平呈下降趋势

截至 2020 年底，美国尚无统一的、专门的联邦数据保护立法，

---

[1]　马长山：《智慧互联网时代的法律变革》，《法学研究》2018 年第 4 期。

[2]　Neil M.Richard, Jonathan H.King, "Big Data Ethics", *Wake Forest Law Review*, No.2（2014），pp.393–394.

数据隐私被纳入隐私法框架下进行保护。在美国缺乏全面的联邦数据隐私法的情况下，隐私政策一直站在隐私保护的最前沿。同时，数据隐私保护标准和水平在州与联邦或州与州之间存在较大差异。联邦层面上，美国数据隐私政策在与欧盟现行法律框架协调过程中，有降低现有隐私保护水平的趋势，如 CPBR 蕴含了其策应大数据时代变革，用"场景原则""隐私合理预期"来平衡数据隐私与商业创新之间利益关系的法律精神，原因是担心监管僵化会阻碍技术创新；相反在州层面上，以加利福尼亚州（以下简称"加州"）为代表的部分州却采取了更高、更严标准保护数据隐私，并制定了一系列数据隐私法规，包括《数据处理通知法》《学生在线个人信息保护法案》《医疗保险可移植和责任法案》《2018 年加州消费者隐私法案》等。与欧盟比较，美国缺乏统一的数据立法，联邦与州、各州之间均存在法律冲突，对于跨区域乃至跨境的数据隐私保护以及数据流通、商业创新都是极为不利的。从整体上看，目前美国数据隐私框架包含了去识别化、数据最小化和目的限制原则、通知和选择机制等重要内容。

（一）去识别规则

去识别化旨在平衡数据保护与数据利用之间的关系，即允许组织在保护个人隐私的同时获得数据分析的益处。数据去识别化包括匿名化、假名化、加密、密钥编码及数据共享等处理方法，本质上，去识别化是为了使个人数据与个人身份之间失去联系。然而，计算机科学家一再表明，即使是匿名化处理的数据也可以被重新识别，并与特定的个人联系在一起。换句话说，去识别化数据只是一个临时状态，而不是一个稳定的类别。为此，保罗·欧姆认为，"电子身份识别科学颠覆了隐私政策，破坏了我们对匿名化的信仰"①，并建议"所有的数据都应该被视为个人可识别信息（PII），并受到监管框架的约束"②。从实践来看，去识别化已成为众多政府及商业机构大数据应用的关键环节。这意味着，隐私法保护的数据信息范围是大数据引发的重大公共政策问题之一，需要审慎研究。

若按保罗·欧姆建议的那样，恐怕会为商业机构带来不正当激励，使其完全放弃"去识别"，从而增加而不是减轻隐私和数据安全风险。同时，大幅度扩展PII的定义，隐私框架将变得几乎不可行。当前的隐私框架如果扩展到每一条信息，就很可能难以管理。此外，尽管匿名信息总是带有重新识别的风险，但许多最紧迫的隐私风险只有在有合理的重新识别可能的情况下才存在。由于不确定性被引入重新识别方程中，我们不知道信息是否真的与某一个特定的个体相对应，而且随着更多的不确定性被引入，数据集变得更加匿名。由此可见，目前隐私框架中的"去识别化"规则仍然是有必要的。但是，将数据划分为"可识别"和"不可识别"的这种二分法随着电子识别科学的发展变得毫无意义，将不可避免地导致去标识符和重新标识符之间的低效"PK"。在这个过程中，数据的完整性、准确性和价值可能会被降低或丢失。因此，我们应当选择更优做法，寻求替代机制。首先，将数据的可识别性视为一个连续统一体，采用一种按比例计算的

---

① 　Paul Ohm, "Broken Promises of Privacy:Responding to the Surprising Failure of Anonymization", *UCLA Law Review*, Vol.57, No.6（2010），pp.1701–1777.

② 　Paul Ohm, "Broken Promises of Privacy:Responding to the Surprising Failure of Anonymization", *UCLA Law Review*, Vol.57, No.6（2010），pp.1701–1777.

方法，在这种方法下，仅能以巨大代价识别的数据仍属于隐私框架内，只适用于公平信息原则的一部分。PII 应该置于风险矩阵中评估，重点考量重新识别的风险、意图和潜在后果。其次，将去识别作为数据安全和问责原则下的一项重要的保护措施，而不是对大数据难题的解决方案。在大数据收集过程中，要遵循在不损害其有益使用的情况下，尽可能减少数据识别原则的适用，隐私框架将继续部分地应用于去识别数据。

（二）数据最小化原则

数据最小化同样是美国隐私法的一项基本原则。根据美国隐私法规定，要将收集个人资料的范围限制在达到其合法目标所必需的最低限度内，并将其与数据组织的说明案文联系起来。同时，数据组织必须删除不再用于其收集目的的个人数据。如前文所述，事实上大数据业务模型与数据最小化原则是相对立的。因为大数据是以收集更多数据为基本要求，以未预料到的二次使用为价值目标的。从此意义上讲，隐私法律规则与大数据技术及商业现实相抵触。

实践中，各种组织通过互联网、移动通信、生物和工业传感器、视频、电子邮件和社交网络工具等多种渠道收集和存储个人数据，来源包括私密、半公开和公开数据。基于数据最小化与大数据发展存在逻辑悖论，隐私法原则的确立应当兼顾其他社会价值观的考量，如公共卫生、国家安全和执法、环境保护和经济效率等。一个连贯的数据法律框架应该建立在一个风险矩阵上，它主要衡量的是数据的价值，而不是潜在的隐私风险。如果预期的数据使用是高度有益的且隐私风险降到最低，那么即使个人拒绝或不明确同意，数据处理的合法性也应被推定。当然这并不意味着，数据只能在可能有用的情况下收集，或者基于同一目的的数据可以随意重新进行收集。相反在大数据世界中，数据最小化的原则应该有不同的解释，包括数据组织尽可能对数据进行去识别处理，采取必要的安全措施，并将数据使用限制在合理合法合规范围内，从主观上，不仅是个人可以接受的程度，也是社会可接受的程度。

（三）"通知和选择"机制

截至 2020 年底，世界各地的法律框架继续强调个人对其数据的控制权，采用知情同意规则等作为数据隐私保护的基本制度。在美国，"通知和选择"机制是数据隐私监管的核心，数据控制者（组织）在收集或处理个人数据时，有明示通知数据主体（用户）拟收集或处理的数据范围、用途、方式等义务；个人通过选择收集或退出机制来行使选择权。本质上，"通知和选择"机制可以在一定程度上削弱数据最小化和目的限制原则所带来的数据使用和创新障碍。

理论上，围绕"通知和选择"机制的争论持续不断。普遍认为，尽管现有隐私框架强化数据隐私保护的意义重大，但"通知和选择"机制所蕴含的法律义务之履行却显得有些不切实际，主要表现在：对组织而言，要在越来越小的屏幕上解释它们的数据处理活动，并期望获得经常不感兴趣的个人同意，既困难又无意义；对个人而言，个人被期望阅读和理解复杂的隐私信息披露，并表达他们的"知情"同意，同样不切实际。可见对两者来说，"通知"或"选择"义务之履行都会不尽如人意。同时，随着新一代人工智能等信息技术发展，数据流及其处理过程将日趋复杂化，比如主体既包括密集的平台和应用程序网络，又包括承包商、分包商和在全球运营的服务提供者等，众多主体如何分配和履行通知义务，尚需结合实际进行研究。此外，为了使"通知和选择"具有实际意义，"同意"必须针对目的（或上下文）来决定。但从本质上讲，大数据分析目的是寻求令人惊讶的相关性，显然产生了抵制预测的效果，与"同意"价值相悖。

从经济角度来看，同意模式也存在缺陷。信息不对称和记录良好的认知偏见给个人隐私选择的真实性投下了阴影。隐私经济学家亚历山德罗·奎斯蒂（Alessandro Acquisti）及他的同事已经表明，只要给用户提供一种控制的感觉，企业就可以获得数据共享，而不管用户是否真的获得了控制权[①]。宾夕法尼亚大学传播学教授约瑟夫·图罗（Joseph Turow）等人指出："当消费者看到'隐私政策'这个词时，他们会认为他们的个人信息将以特定的方式受到保护。特别是，他们会假设一个宣称隐私政策的网站不会分享他们的个人信息。"[②] 然而在现实中，隐私政策更像是为企业提供免责声明，而不是为消费者提供隐私保护。与此同时，"集体行动"可能会产生一种次优均衡[③]，在这种均衡中，个人不是选择对社会有益的数据处理，而是希望能自由支配"他人的善意"。类似的"搭便车"现象是很常见的，比如在器官

---

① Alessandro Acquisti, "The Economics of Privacy: Theoretical and Empirical Aspects", http://www.doc88.com/p–9773108775861.htm.

② Joseph Turow, *The Daily You: How the New Advertising Industry*, New Haven: Yale University Press, 2013, pp.110–126.

③ 亦称次好论、次优论。西方福利经济学中关于资源配置的一种理论。根据次优理论，在实现帕累托最优状态所要求的必要条件中，即使只有一个得不到满足，那么也可能达不到最优的状态。

捐献率统计中发现，设置选择机制与退出机制的区别是显而易见的：那些只为公民设置选择器官捐赠机制的国家，与那些文化相似但却有退出机制的国家相比，捐赠率往往很低。实证研究表明，在设置选择退出制度下，瑞典的器官捐赠率为 85.9%，奥地利为 99.9%；在未设置选择退出制度下，丹麦的器官捐赠率仅为 4.25%，德国为 12%。

从创新角度来看，基于个人委托的数据处理往往缺乏效率，因为个人的期望依赖于现有经验，而个人经验有很大局限性。事实证明，如果 Facebook 在 2006 年没有主动推出它的新闻推送功能，而是等待用户予以选择，那么短信用户可能就不会像今天这样喜欢 Facebook 了。换句话说，只有当数据开始流动时，用户才会习惯这种变化。然而这并不是表明个人信息处理的明确"同意权"不应当赋予个人，而是为了提醒我们，数据保护的价值目标是多元的，故一个特定数据使用的价值应该作为一个更广泛的社会问题来研究。

从监管角度来看，在作出什么情况需要个人同意以及如何获得个人同意的决策前，决策者应该认识到，数据保护的意义及数据使用的价值，在利益平衡理念下，默认规则往往会占上风。通常，关于是否应该征求同意或设置选择退出机制的争论只停留在同意规则本身，而不考虑数据使用价值，这可能危及大数据创新和有益的社会进步，故将数据使用的价值性考量排除在隐私监管之外是不适当的。由此，隐私监管制度应当包含对数据使用价值的评估，明确"同意"针对的是数据使用的合法性问题，即个人同意授权使数据使用合法化；同时赋予执法部门突破隐私现有规则的适度自由裁量权，其中蕴含了对数据使用价值的综合考量。

（四）访问和透明度实现的法律框架

美国隐私法在放松数据最小化原则和同意规则的同时，进一步强调了访问和透明度的实现，以创造了更多的机会来促进有价值的大数据创新。一方面，如果个人能够以机器可读的格式（也即"可用的"）访问他们的信息，个人信息系统将会扩展；在用户端应用程序层上获取信息，不仅有利于组织，还有利于个人。[①] 另一方面，在保护商业秘密的情况下，组织应披露其决策过程中对个人数据分析所使用的标准，以此阻止不道德的数据使用，并为个人提供适当的程序机制来挑战由算法驱动的自动化决策。前者意指访问权，后者意指透明度。

为了强化数据访问权，美国政府提出了"绿色倡议""蓝色倡议"等，以改进和完善隐私政策。根据"绿色按钮"倡议，消费者应该在可下载的、标准的、易于使用的电子格式中获取自己的能源使用信息。奥巴马政府预计，向公众提供用户数据将引导企业家开发能源管理系统和智能手机应用等技术，这些技术可以解释和使用这些信息。乔普拉（Chopra）强调了以标准格式提供数据的重要性。一种标准的、可用的格式可以促进创新，允许软件开发人员创建他们产品的单一版本，从而在全国范围内为所有公用事业客户服务。美国电话电报公司（AT&T）、威瑞森（Verizon）和康卡斯特（Comcast）等主要通信提供商也推出了专注于能源管理和家庭安全与控制的家庭服务创新。"绿

---

① 用户端（client）或称为客户端，是指与服务器相对应，为客户提供本地服务的程序。除了一些只在本地运行的应用程序之外，一般安装在普通的客户机上，需要与服务端互相配合运行。参见余秀才：《众媒时代的传播转向》，华中科技大学出版社 2017 年版，第 177 页。

色按钮"概念为其他领域数据使用提供了可遵循的路线图，引领了健康数据领域中类似倡议的提出。2010 年，奥巴马政府宣布了"蓝色按钮"（Blue Button）倡议，其主要内容是，患者可以通过网络功能轻松下载个人健康信息，并与医疗服务提供者和受信任的第三方共享该数据信息。为了使信息更有用，该计划要求开发人员创建基于"蓝色按钮"的应用程序，借助相关应用程序，帮助消费者使用他们的数据来管理自己的健康。"蓝色按钮"倡议促进了患者数据信息相互链接，包括免疫接种、过敏、药物、家庭健康史、实验室测试结果等数据信息。在美国，由政府主导的数据使用倡议还有很多，都是旨在推动大数据应用和创新。这表明美国对数据创新的价值偏好，以及进一步突破原有隐私框架的立法倾向。

上述隐私政策背后的理念和逻辑，主要包括：作为数据收集和最小化限制的交换条件，组织应该以与个人分享其数据所创造的财富为对价，这意味着为个人提供使用"可用"格式的数据，并允许他们利用第三方应用程序分析他们自己的数据并得出有用的结论（如健康建议、金融投资等），体现了大数据的利益交互性。大数据的"特征化"将激发创新，为个人数据应用创造一个市场。随着大数据支撑技术如实时应用程序编程接口等的发展，有利于组织将不同来源的信息加以整合，形成更好的用户体验。就像开源软件或知识共享许可协议一样，免费获取个人数据的基础是效率和公平。不管你是否接受个人信息的财产处理方法，公平性蕴藏着个人数据使用对个人和组织均是有益的价值认同。但事实上，很少有人知道他们的个人数据访问权限，而行使该权利的人更是少之甚少。通常，组织只在"硬拷贝"中提供数据的访问权，且不提供它们收集的数据来源、用途和接收者的详细信息，并试图依靠法律豁免来掩盖它们披露的部分数据。与此同时，数据生态系统的复杂性日益增加，使得个人很难确定应该向谁发送访问请求。此外，数据的处理器或子处理器也可能基于外国的司法管辖区，没有面向消费者的接口来处理个人请求。这些问题必须引起重视。

从根本上说，访问权和透明度是一对关联概念，两者的实现是相互促进的。增加访问和透明度是美国信息隐私法的一贯做法。自美国水门事件起，信息隐私法就开始关注秘密数据库问题，增加访问和透明度是为了防止秘密数据库被用来限制个人自由。然而，进入大数据时代，人们对大规模数据存储及数据利用目的模糊化的恐惧和担忧，再次引发了包括信息隐私法和侵权法在内的立法关注。要避免潜在的侵权行为，可能需要对透明度义务进行改进，并提供更切实可行的访问权。呼吁提高透明度并不新鲜，重点是如何使用可用格式对数据进行访问，这可以为个人创造价值。就个人而言，通常个人只关心是否有切实利益如进入平台享受某种服务，而不是"沉迷"于透明度和访问权，因而透明度和访问本身并未成为个人隐私保护的强有力工具。出于这个原因，消费者很少只考虑隐私策略、不权衡其他好处，而选择退出用户数据许可协议。因此，透明性和访问权的实现程度，应取决于数据使用的交换价值，这或许可以通过大数据"特征化"或"附加"隐私来完成。

理论上，有人提出，有关透明度的实现和访问权的行使，无论在法律上还是在业务上都会造成严重的复杂性。首先，组织（特别是非面向消费者的组织）可能会认为，在许多情况下，为个人提供大量服务器上的海量数据库和去识别数据的访问是不实际的。针对此问题，FIPPs框架的灵活性和模块化提供了一定的解决思路：随着数据识别程度的增加，对个人的访问权限也会相应增加。如果数据是完全不确定的，那么仅仅为了给个人提供访问，而重新进行身份识别，基于成本效益分析，这既无必要也不经济。从此意义上讲，最需要访问的场域就是"去识别化"较为薄弱的场域。其次，为避免在保护隐私过程中生成更大的隐私问题，直接在线访问数据需要强大的身份验证和安全通道，这会增加成本和带来不便。基于隐私和数据安全因素，个人行使访问权只能针对其个人数据，这意味着数据组织需对每位访问请求人进行身份验证，并且必须保证在安全通道上传输数据。为实现上述目的，需要提供配套的数字签名等身份验证方式，以及加密的通信传输通道等基础设施，这些都会带来成本及便利问题。再次，随着个人信息生态系统的扩展，在现有的集中式结构上构建多层的用户端应用程序，数据安全风险的泄露和未经授权的使用也相应增加。大数据与用户交互界面的增强增加了访问点的数量，相应增加了安全漏洞和数据泄露的风险。但从实践层面，尤其对数据组织而言，为获得数据收集和使用授权，它们不惜冒着数据泄露等风险而增加数据访问点。最后，以可用格式访问机器可读数据似乎促进了数据可移植性，这是一个有争议的概念，它提出了关于知识产权和反垄断的进一步问题。严格地说，可移植性并不是隐私法的概念，而是来自竞争法的概念。可移植性意味着个人数据控制权仍掌握在数据主体手中，组织之间不能直接分享个人数据，数据分享和数据流转的决定权在于数据主体，主要取决于交易价格和条件。从此意义上讲，个人数据被视为个人的专有资产，故此数据流动的效率和价值会受到严重影响。尽管盟洲数据保护条例已将可移植性纳入隐私法框架，但普遍认为，该做法与立法目标背道而驰，个人数据财产权保护模式根本忽视了隐私权的内在结构和背后逻辑。具体理由前文已有论述，在此不再赘述。

二、热数据知识产权问题愈发受到立法关注

在大数据领域，数据的分类标准很多，有的以用户对象来分类，如政务数据、行业数据、个人数据；有的以数据存储形式分类，如结构化数据、半结构化数据、多结构化数据；还有的把数据分为冷数据、温数据、热数据；等等。一般认为，热数据是短时间内频繁访问的数据，包括即时的位置状态、交易、行为数据等；相反，冷数据是指离线类不经常访问的数据，比如企业备份数据、业务与操作日志数据、话单与统计数据等。访问频次的不同，就导致了在数据库搭建方面各不相同。由于热数据访问频次需求大，效率要求高，所以要就近计算和部署；冷数据访问频次低，效率要求慢，可以做集中化部署，在大规模存储池里可以采取对数据进行压缩、去重等降低成本的方法。

在美国，金融服务和商业新闻行业是最能体现大数据价值的两大领域。高盛集团（Goldman Sachs）称，金融科技（fintech）行业的崛起将从传统的华尔街老牌金融公司那里获得4.7万亿美元的收入[1]，在线银行、金融咨询和交易的增长威胁着传统的实体金融帝国，比如纽

---

① Bilyana Petkova, "Business Law Fall Forum: The Safe-Guards of Privacy Federalism", *Lewis & Clark Law Review*, Vol.20, No.2（2016），p.595.

约证券交易所（NYSE）和标准普尔（Standard and Poor's）。行业观察人士表示，金融科技初创企业正在削减成本，提高金融服务质量，为评估风险设计有用的信息分析工具，为更多样化的信贷环境创造选择。在此情况下，围绕金融数据所有权和驱动当今瞬时性交易格局的算法等方面展开的大数据之争更加激烈。换言之，就是围绕金融市场之离散数据或热数据的"战争"，谁能掌握现在和未来金融市场的离散数据，谁就能赢得胜利。

在传统统计学中，数据按变量值是否连续可分为连续数据与离散数据两种。其中，离散数据一般指其数值只能用自然数或整数单位计算的数据。离散数据具有定性特征，一般以名义尺度或有序尺度定义，其值取自某个有限的集合当中①。在大数据时代，离散数据作为数据挖掘算法的基础，对算法的速度和准确性都有重要影响。由于离散数据具有潜在的巨大商业或社会价值，其法律性质和权利属性都亟待厘清。理论上，我们首先要解决的问题是，这些离散数据是否属于公共领域？它们是否能够获得知识产权保护？一般认为，离散数据属于公共领域，根据目前著作权法精神，离散数据不能获得著作权保护。有学者将游离于商业秘密、著作权保护机制之外，处于公开状态且整体上没有独创性的数据统称为"大数据集合"，进而探讨大数据集合的知识保护问题。② 从实践来看，当离散数据经过技术处理，并

---

① 参见 S. Kotsiantis, D. Kanellopoulos, "Kiscretiation techniques:A recent survey", *GESTS Internationgal Transactions on Computer Science and Engineering*, Vol.32, No.1（2006），pp.47–58。

② 参见崔国斌：《大数据有限排他权的基础理论》，《法学研究》2019 年第 5 期。

投入了巨大成本及劳动时，付出者（数据控制人）会寻求不正当竞争法来提供救济。正如 A.M. Best Co. v. SNL Financial LC 案中，后者抄袭了前者依据大数据算法所做的评级，该案涉及离散数据的收集权益归属，涉嫌侵犯版权法、合同法、竞争法等（具体如下）。

　　总部位于美国新泽西州的保险公司 A.M. Best Co. 起诉了总部位于弗吉尼亚州的 SNL Financial LC（SNL），因为后者抄袭了前者根据收集到的消费者数据，通过大数据算法所作出的评级，并在保险行业及其数据库中复制这些评级。其后，SNL 将其出售。原告提出，被告涉嫌侵犯版权、违反合同法及不公平竞争法。本案引发的法律问题包括：原告是否可以独家收集消费者数据，原告是否采取了信息保密措施，所涉信息是否具有商业价值，是否投入了大量成本和劳动，等等。这些问题蕴含了大量知识产权问题，系美国知识产权法修改完善的方向。

在美国，当离散数据或热数据被投入了巨大的劳动和成本时，原告们便可寻求不正当竞争法来救济。该策略遵循了不公平竞争法中的"热点新闻原则"，也是一项侵权原则，即基于对具有时间敏感性的、不可复制的事实数据的盗用，造成竞争对手损失的，不正当竞争行为主体应当承担侵权责任。该原则是由美国法官在司法审判中创设的，并没有统一规范的定义。关于"热点新闻"（hot news）也没有明确的法律内涵，但根据 International News Service v. The Associated Press（简称"INS 案"）的裁判，热点新闻通常是由事实构成的新闻信息且具有极强的时效性，下面以 INS 案为例，阐述"热点新闻"原则或学说背后的价值理性。

在 INS 案中，双方当事人皆是新闻媒体从业者，原告美联社认为被告国际新闻社未经许可就复制挪用其新闻公告及早间版报纸上的新闻报道，并且以自己的名义刊登出版，严重损害美联社的经营利益，请求法院发布"初步禁令"来制止被告的行为。[①] 该案的争议主要涉及版权、新闻财产权及新闻商业价值等方面。INS 案的上诉法院认为"新闻信息具有交换的价值，有权获得法律保护。如果新闻信息在第一次公布便消失，那么财产权保护是毫无意义的"。最高联邦法院法官马伦·皮特尼（Mahlon Pitney）指出"新闻可看作准财产（quasi property）"，他认为"为了获利与新闻采集者竞争，而允许任何人和不分青红皂白地出版，这将使得出版物无利可图；该行为致使成本与回报相比不成比例，使新闻机构实质上压缩了利润进而被迫离开新闻服务"，这样的结果无疑是导致没人愿意从事搜集新闻信息的服务，最终威胁到新闻企业的存在。联邦最高法院认为被告挪用美联社通过组织耗费劳动和财力获取的事实材料当作自己作品的行为属于"不劳而获"，构成不公平的商业竞争。在这些理念下，美联社最终胜诉，"热点新闻"原则（学说）的雏形得以确立。[②]

概括而言，美国法律上创设"热点新闻"原则（学说），是针对不当使用他人独立采编而刊发的单纯事实消息报道，旨在规制新闻行

---

① 在 INS 案之前，美国报业认为新闻属于"共同财产"，可以任意复制且没有人可以拥有新闻所有权。同时，根据 1909 年之前的美国版权法，事实类消息也不适用版权法保护。

② 林爱珺、余家辉：《美国"热点新闻挪用规则"的确立、发展与启示》，《新闻伦理与法规研究》2019 年第 7 期。

业中采用不公平"搭便车"行为，打击"不经播种，便要收获"的搭便车者，维护正当的商业秩序。鉴于此，关于离散数据（热数据）的产权保护问题，美国有学者援引"热点新闻"学说来进行探讨。该学说的历史与金融市场密切相关，在未来的大数据保护中，可能会在法律和政策的发展中扮演更广泛的角色。近年来，一些不正当竞争案件预示着侵权行为由针对"热点新闻"向针对"热点数据"转化的趋势，进而延伸了"热点新闻"学说的适用性，并为研究和采用"热数据"理论提供了坚实的实践基础。

理论上，"热点新闻"学说依然面对诸多质疑。法律经济学理论的奠基人理查德·波斯纳（Richard A. Posner）认为，"热点新闻"学说中的"搭便车"概念太过宽泛，不能作为知识产权法的组织原则。加里·迈尔斯（Gary Myers）也认为，对不公平竞争的侵权行为定义为"威胁到竞争自由和消费者福利"过于宽泛和模糊。此外，对这一学说的最简单的批评是基于版权的先占原则。许多律师表示，该原则已被版权所统一。有人支持为了"司法效率、自由市场竞争和公众获取真实的信息"而结束"热点新闻"学说；也有人提出，认定此类侵权行为只是为了保护"一种垂死的商业模式"，即传统的新闻业。① 针对上述问题，关于立法解决方案最常见的提议是，要么对现行版权法做重大修改，要么采取一种特殊条款。对于后者，他们进一步主张普通法仍是解决这一问题的最好方法，但是

---

① 参见 Someshwar Banerjee, "What's Hot? What's Not? Delhi High Court Rejects 'Hot News' Doctrine", *Journal of Intellectual Property Law & Practice*, Vol.12, No.8（2013），pp.905–907。

呼吁立法要更清晰地确定热点新闻的优先保护顺序和权利。除此之外，也有学者提出，用其他社会规范保护热点新闻的做法，包括自愿采用合同许可的办法，来保护和收回投资于此类"作品"的劳动力等成本。

在学者们看来，修改版权法是一个非常关键的解决方案。事实上，在数字时代修改版权法也是美国版权局的首要任务。为了使热点新闻能抢先占有一席之地，丹尼尔·马伯格（Daniel Marburgers）等人主张对版权法抢占之条款进行修订。版权抢占的先决条件包括：（1）原告试图保护由其独家收集的信息；（2）付出大量的成本或工作；（3）原告必须采取信息保密或高度受限等措施；（4）原告发布信息的对象必须是范围限制内的观众，而不是广泛地允许公众进入；（5）有关信息必须具有商业价值；（6）信息必须是有时间敏感性的，被告从此类信息中获利就是利用了时间敏感性特征；（7）原告和被告必须是直接竞争对手，信息使用目的是为获取该特定信息的商业价值；（8）原告生成信息产品或服务的能力是导致被告使用时间敏感信息的直接原因。[①] 这些修改建议为数据知识产权的立法创建提供了一定的理论参考。

21世纪初，美国国会受理过几项数据库保护法案，但都以失败告终。在此情况下，数据企业担心，由于信息产品具有无形性、无处不在和不可分割等性质，他们可能会一直遭受市场失灵的风险。事实

---

① 参见 Someshwar Banerjee, "What's Hot? What's Not? Delhi High Court Rejects 'Hot News' Doctrine", *Journal of Intellectual Property Law & Practice*, Vol.12, No.8（2013），pp.905–907。

上，政策制定者们早已意识到，针对数据产权保护提出新规则所面临的困境，可能包括以下两个截然相反的方面：一方面，数字技术可能会增加信息市场失灵风险[①]，从而加剧长期欠保护状态带来的消极影响；另一方面，在某些情况下，数字技术能够彻底克服市场失灵的威胁，给最初的投资者带来"非正常"的市场力量，这将导致长期的过度保护。为此，帕梅拉·萨缪尔森（Pamela Samuelson）提出，对热点数据的保护，应适用不公平竞争原则，或建立"更完善的责任原则，而非专属财产权"的制度。美国律师安德鲁·多伊奇（Andrew Deutsch）针对热点新闻的"热"作出了阐释，"热"即指"时间敏感性"，意味着与时效性有关，且与商业价值相关联。根据 Andrew Deutsch 的建议，判断被告是否有热数据"搭便车"行为应考虑"时间敏感性"问题，除此之外，还要对更多细节予以考量：被告是否也在生成或收集自己的信息时进行了重大投资；被告是否没有使用自己的工作人员或资源生成或收集信息等类似问题；被告是否出售时间敏感信息产品或服务且比原告价格更低，同时仍然盈利；如果被告是一个非赢利实体，已为公众提供或可以提供这种产品或服务，且其价格大大低于原告价格（包含成本和合理利润）；等等。除离散数据外，杰奎琳·利普顿（Jaqueline Lipton）专门对数据库保护提出新的主张，即数据库保护应该从已经存在的方法（版权法）中移除，并应将重点放在生产者的商业需求上。她主张建立一种基于商标法和专利法基本原则的新

[①] 通常，信息市场是信息产品供求关系的总和，包括从生产到消费的整个流通过程和流通领域。在数字技术的影响下，基于大数据垄断、外部性、公共物品性等典型特征，信息市场更易导致失灵。

模式，并由一个行政机构负责监督数据库许可和将数据库内容发布到公共领域。不过，Jaqueline Lipton 并未说明是否采用版权法与商标法、专利法或其他一些特殊方案相结合的方式。就数据保护研究而言，除知识产权方面的探讨外，也有学者建议修改普通法原则，比如将滥用、不当得利和返还原则结合起来，以保护数据利益。

实质上，上述研究及观点都是围绕热点新闻学说展开的，只是研究的视角和方法有所不同。尽管热点新闻学说是针对新闻业及及时性信息保护而提出的，但上述研究为我们打开了全新的领域，即热点数据及数据库保护领域。通过观点梳理发现，争议和聚焦的主要问题有以下几个：一是关于热点数据的认定问题。其中涵括热点数据的关键要素、"热"的法律内涵与特征等方面。二是关于热点数据的保护问题。包括热点数据保护的模式研究、制度探索等。三是关于含热点数据的数据库保护问题。包括版权法的修改完善、商标法和专利法保护的新路径等。对于这些问题的研究还有待深入，下文将做进一步探讨。

下面列举有关已公布财务数据之重用问题的两个结论相反的案例，对数据产权进行再讨论：

21世纪初，美国交易所之间的竞争日趋激烈，其中一个重要表现就是围绕指数产品的使用权所发生的纠纷日益增多。如国际证券交易所（InternationalSecurities Exchange, ISE）引进了新技术驱动的投资工具——电子交易平台，帮助其使用市场指数创建新的投资机会，同时也带来了有关指数产品的使用权纠纷，而争议主要集中在交易所交易基金（ETF）和基于道琼斯工业平均指数（DJIA）与标准普尔 500 指数的指数期权。在期权交易中，可以通过较少的投资来控制更多的股票，然后从较高回报中获得巨大利益。当然，风险也是相对应的。在麦格劳—希尔公司诉国际证券交易所一案中，原告声称 ISE 在未经指数所有者标准普尔和道琼斯公司许可的情况下，挪用了它们公布的指数，以便在其他交易所交易 ETF 期权。同时，损害了麦格劳—希尔公司排他性许可应获得的利益。第二巡回法院裁定，原告通过授权和向公众出售 ETF，实际已经放弃了控制这些股份转售和公开交易的权利，尽管原告的知识产权可能被嵌入股票中。法院还写道：原告故意传播它们的索引值以告知公众。当被告没有做任何事时，它们不能抱怨，因为被告只是从该公布的指数值中提取信息。此后不久，又发生了芝加哥期权交易所（Chicago Board of Options Exchange, CBOE）诉国际证券交易所的类似案件，而伊利诺伊州法院则作出关于公布财务数据的重用与上述案件相反的结论。

在上述案件中，CBOE 认为，其数据的免费使用一方面，对那些进行重大投资以创建索引和开发基于索引的产品的实体而言，会使其丧失相对稳定的市场预期；另一方面，允许这样的数据被重复利用，将会压制创新而造成不必要的社会成本。从法院角度，对数据重用进行价值判断所依循的逻辑是：虽然公布的财务数据一般都是用于公共领域的重用，但当这种重用损害了数据的竞争市场时，特别是在一个可以轻易收集和重新包装数据的世界中，允许原告寻求赔偿是符合社会公共利益的。但困难在于，如何评估损害的程度。这就需要对数据重用的经济学进行更多的研究，以揭示原告在热数据重用和聚合中可能遭受的损害，同时法院应该要求数据库原告出示市场失灵的证据。

　　结合上述案件及相关理论研究，笔者认为，"热数据"的出现引发了两个亟须解决的问题：首先，版权优先权的冲突，特别面对大数据时代带来的新问题。其次，需要更多的研究来解决关于数据和事实占用情况下的市场失灵和竞争问题，特别是在实时在线环境中企业与公众、企业与企业之间的利益矛盾应如何调和、如何保护和激励创新，以及凝结了劳动力和创造性投资的数据重用合法性等问题都需要更为细致的法律观察。这些问题不是非此即彼的，而是我们不得不面对的错综复杂、利益交织的法律障碍，但如前文所示，在热点新闻中有良好的"奖学金"制度，对如何思考上述问题有所启示，关键要解决的是在挪用和产权之间寻求平衡。

　　综上所述，对热数据提供保护体现了对市场失灵和竞争的关注。鉴于此，立法有两种选择：一种是允许重复利用离散数据或事实来创新新产品，从而降低新业务的交易成本，为公共领域提供燃料；另一种是限制"搭便车"对这些数据造成的危害。对于数据库的创造者而言，这种"搭便车"会消除市场对数据库创建的奖励。不论哪种立法选择，都蕴含了知识产权的利益平衡原理，同时也预示着对离散数据及数据库的保护，知识产权法理论具有较强的解释力。

三、对我国数据知识产权保护的启示

　　综上，随着大数据的深入发展，美国数据保护的法律态度发生了较大转变：一方面，从联邦层面看，数据隐私保护水平有所下降。同时，为协调欧盟数据保护法规，对有关数据主体控制权的原则和规则进行了相应修订和调整。另一方面，更加关注大数据创新与市场竞争的关系，尤其是司法判例中所形成的热数据侵权原则，对大数据知识产权理论研究和制度设计都有着重要的指引作用。

第一，数据知识产权保护的必要性认识。从渊源来看，"热点新闻"学说是热数据理论的基础，"热点新闻"学说已有百年历史，最初美国法官在司法审判中创设了"热点新闻挪用规则"，进而发展为美国不正当竞争法中的一项基本原则。由"热点新闻"向"热数据"转化的侵权原则，则源自21世纪初期的金融数据纠纷。金融数据纠纷是伴随金融科技（fintech）发展而来。"fintech"诞生于美国，随着大数据及其他信息科技的快速发展，从2017年起我们已进入金融科技3.0阶段，该阶段的特征是，大量原有的金融业务通过大数据、云计算、人工智能、区块链等新技术来改变传统的金融信息采集来源、风险定价模型、投资决策过程、信用中介角色等，因此大幅提升了传统金融的效率，降低了传统金融服务的成本，解决了传统金融的痛点。金融数据的保护，预示着数据财产利益保护的重要性，这在医疗健康、交通等其他大数据应用领域也同样如此。随着数据价值和重要性的增加，有限的排他性保护需求也会持续增加。其中蕴藏的价值诉求包括：保护数据使用中所付出的劳动和投资成本，保护市场竞争秩序，保护大数据创新，等等。值得注意的是，大数据世界中数据类型和性质的不同，决定了其保护方式和排他权属性会有所不同。

第二，数据知识产权保护的可行性分析。在大数据背景下，对多来源数据进行高效的反复利用是大数据的价值来源，由此数据重用显得异常重要。数据重用对于提高工作效率，满足客户个性化需求，节约社会成本等都大有裨益。一般认为，数据属于公共领域资源，具有非竞争性和非排他性等特性，数据重用并不会造成任何侵权。但随着数据收集和分析的自动化程度提高，在数据驱动下大规模算法不仅能够提取并阐明人类行为，甚至还在一定程度上替代人类决策，这些实践不断提醒我们，数据重用规制将对数据访问产生重大影响的同时，对数据使用的效率和质量也至关重要。那么，哪些法律系统可以规制数据重用呢？在美国，围绕"热点新闻"原则的学术争论持续不断，说明在新闻领域存在着较为尖锐的利益矛盾与冲突。争论焦点主要涉及事实信息挪用的问题，与大数据时代的数据重用问题相似。多年来，学者、律师和企业都提出了一些极好的建议以修改这一原则，希冀既保护原告的利益，又不损害被告的利益。其中，合理使用测试建议对数据保护提供了一定的参考，测试指标包括：（1）数据的性质和目的，包括新数据项目是否具有革新性；（2）所采集的数据量，包括数据的占用频率；（3）数据运用付出的劳动和投资；（4）数据占用的市场效应；（5）数据的及时性。这些建议对我国数据知识产权理论研究和制度设计具有重要的借鉴意义和参考价值：上述因素不仅是合理使用的测试指标，也是知识产权保护的权衡因素。从根本上说，为大数据提供知识产权保护的根本目标是在市场公平性和数据财产权之间实现利益最大化。换言之，就是在数据创新与公平竞争之间达成有效平衡。知识产权中的合理使用制度就是为了平衡公众利益和知识产权人利益而产生的一项制度。因此，对于热数据或离散数据保护，现阶段可以先行修改和完善著作权法中的合理使用和专利法中的信息披露等制度；对于冷数据或其他大数据集合，则可以采取不正当竞争法原则以保护投资人的利益。

小 结

本章重点比较了欧盟和美国的大数据保护立法模式，并梳理了相应的知识产权保护原则和规则，同时围绕数据隐私及知识产权保护的理论研究进行了评述，以期对我国大数据保护统一立法的制定和现行知识产权法的修订提供借鉴和参考。基于数据类型的多样性、数字技术的复杂性及应用领域的广泛性，加之数字技术迭代迅速所带来的不确定性，单独通过某一部门法调整数据运用中多元交融的利益关系，必然面临破窗式挑战，也几乎不可能做到。笔者建议，我国采用以大数据专门立法为主体，以知识产权法、反垄断法等部门法为补充，构建综合性数据保护法律法规体系。经验证明，社会的变化和新技术的发展常常会成为破坏以前成功的管理模式、商业模式和经济活力的因素。然而，试图拖延不可避免地新思想或新技术引入社会和市场，来阻止社会变革和技术革新引发的利益失衡和市场失灵，显然是不可能的。鉴于此，我们首先要明确大数据技术带来的利益冲突，以及数据保护的多重价值目标，加快制定大数据保护专门立法，对数据权利进行合理配置，更好地平衡数据隐私与数据利用、数据公开与知识产权保护之间的利益矛盾；其次，从现行知识产权法及反不正当竞争法、反垄断法等法律法规出发，去找寻对基于"搭便车"或可能导致毁灭性竞争的不当行为的规制方法，以修改或重构制度体系，从而确保数据资源得以充分利用、大数据价值得以充分实现。

第 四 章

我国大数据知识产权保护的立法思考

　　承前文所述，由于个人信息是大数据中最重要的数据资源，因而成为大数据保护的主要对象。随着社会信息化进程的深入，个人信息保护不仅关涉公民的私权保护，也关涉公私领域对于个人信息的利用。同时在网络安全已成为国家安全的重要方面的态势下，个人信息保护还与公共安全、国家安全存在着强烈关联。此外，"信息流通无国界，大数据时代个人信息保护也成了跨国界的全球性问题，任何国家都不可能置身事外、独善其身"。[①] 因此，个人信息保护问题是信息社会发展中所要应对的基础性问题，是互联网领域立法中的共性问题。个人信息保护问题伴随着计算机大规模应用而出现，20世纪70年代西方发达国家开始通过立法予以回应。发展至今，全球共有115个国家制定了个人信息保护法，大体呈现出欧盟统一立法和美国分散立法两种模式。[②] 目前我国个

[①] 　参见陈海波：《专家热议大数据时代个人信息保护》，《光明日报》2018年11月9日。

[②] 　张新宝：《个人信息保护仍须统一立法，分散立法难以实现顶层设计》，2018年4月18日，见 https://www.sohu.com/a/229722837_161795。

人信息保护规定主要分散在《民法典》《网络安全法》《消费者权益保护法》《电子商务法》《全国人民代表大会常务委员会关于加强网络信息保护的决定》等法律法规中，明显表现为分散立法的模式。据统计，我国有近 40 部法律、30 余部法规、200 多部规章涉及个人信息保护问题。[①] 在大数据时代，个人信息已经成为重要的生产要素。广大专家学者呼吁，推动立法完善，构建个人信息多元保护体系。

值得一提的是，从国际立法实践看，尽管"信息"与"数据"存在交替使用的情形，但随着大数据的发展应用，"数据"概念使用更为广泛。1968 年，联合国"国际人权会议"中明确提出"数据保护"（data protection）[②]概念；美国一直在隐私法框架下对个人信息进行保护，因而主要采用"数据隐私"（data privacy）的表述；欧盟采取统一立法形式对个人数据信息进行保护，从《个人数据保护指令》（DPD）到《一般数据保护条例》（GDPR）基本采用了"数据保护"一词。关于"个人信息"与"数据""隐私"的内涵和性质，有学者从人格属性和商业价值角度对个人信息与数据予以区分，与个人信息相比，数据不具有直接的人格属性，但数据基于规模效应可产生商业价值[③]；也有学者关注个人信息与隐私之间的性质差异，在我国法律语境下，与隐私相比个人信息兼具私密性和社会性，个人信息存在商业化利用的现实性和可能性。[④] 上述内涵界定或性质界分，旨在确定权利语境，即个

---

① 张林：《完善个人信息的法律保护》，《光明日报》2012 年 9 月 8 日。
② 张继红：《论我国金融消费者信息权保护的立法完善》，《法学论坛》2016 年第 6 期。
③ 孙南翔：《论作为消费者的数据主体及其数据保护机制》，《政治与法律》2018 年第 7 期。
④ 项定宜、申建平：《个人信息商业利用同意要件研究》，《北方法学》2017 年第 5 期。

人信息（数据）究竟应由人格权还是隐私权进行保护，抑或独立成权。第一种观点——人格权说，该说认为个人信息不同于隐私，应将其归入一般人格权范畴。[①] 第二种观点——隐私权说，是在扩展传统隐私内涵后提出的，数据隐私权包含私密领域和信息自主两部分。[②]第三种观点——独立权说，这是目前学界的主流观点：与隐私具有秘密性不同，个人信息多属公开信息，隐私权对其保护力有不逮，所以应当独立成权。[③] 该观点以信息控制理论、知情同意规则为基础，构建起独立的个人信息权理论。[④] 笔者认为，在"小数据"背景下，计算机系统中的数据是信息的载体和基础，外在表现为一组以 0 和 1 组成的二进制代码，物理性的数据经过加工处理、有意义的集合后，形成了具有逻辑性、观念性的信息。从此意义上讲，用个人信息概念具有实际意义和法律意义，也便于理解和解释。然而，大数据是信息技术发展到一定阶段的产物，大数据发展日新月异，对经济发展、国家治理、人民生活等各方面产生了深远影响，大数据背景下的数据已然突破了传统计算机科学中的物理属性，赋予了更加丰富的内涵。故此"数据"内涵更广，它包含"个人信息"，通用"数据"进行立法表述更符合时代发展的需要，一方面顺应国际数据立法趋势，有利于国际

---

① 参见王泽鉴：《人格权法》，北京大学出版社 2013 年版，第 208 页。

② 参见张新宝：《"普遍免费 + 个别付费"：个人信息保护的一个新思维》，《比较法研究》2018 年第 5 期。

③ 参见王利明：《论个人信息权的法律保护———以个人信息与隐私权的界分为中心》，《现代法学》2013 年第 4 期。

④ 房绍坤、曹相见：《论个人信息人格利益的隐私本质》，《法制与社会发展》2019 年第 4 期。

法律协调；另一方面从内涵界定上，个人信息是一个动态概念，大数据技术会使"可识别性"标准变得模糊，原有定义不再具有周延性。如以"数据隐私"替代"个人信息中的私密信息"更易逻辑自洽，隐私是针对自然人的法益，具有人格表征，而数据隐私是传统隐私的延伸，体现了人格属性和社会属性的内在糅合。①

　　立法保护数据隐私，已成为国内外理论界和实务界的共识。那么，法律应当如何选择数据隐私保护模式，特别是如何设计安排数据隐私保护与数据利用的利益平衡机制，将关系我国新一代信息技术发展进程和一系列产业发展。鉴于此，统一数据保护立法不失为一种平衡数据保护与数据利用关系的最佳选择，比如 GDPR。目前我国个人信息保护立法虽多，但立法的重难点问题推进却成效甚微，其主要原因是，各行各业在应对"互联网＋"形势时分别单独立法，要么出现政出多门，要么出现重复性立法。② 因此，我们有必要对大数据保护进行专门立法，既有利于一并解决数据隐私与数据利用之间的利益衡量问题、关乎公共和国家的数据安全问题等，并构建综合救济体系；又有利于从全局性、基础性问题入手，形成统筹监管和协作监管相结合的机制，有效破解多部门多行业数据监管难题。当然，信息产业的

---

① 值得一提的是，自 1996 年第一台计算机诞生以来，数据内涵就扩大了，不仅表现为数字，还包括视频、音频、图片等。进入信息时代，数据与信息开始出现混同，数据即信息，信息即数据。现如今，随着数字科技的迅猛发展和相互作用，数据的经济价值、战略价值愈加显现，数据的内涵再度扩张，数据与信息混用已不合时宜。但当数据与个人发生关联后，此时个人数据与个人信息的实质意义一致。参见涂子沛：《数据之巅》，中信出版社 2014 年版，第 218—219 页。

② 张新宝：《个人信息保护仍须统一立法，分散立法难以实现顶层设计》，2018 年 4 月 18 日，见 https://www.sohu.com/a/229722837_161795。

诸多问题不是一部法律就能完全解决的。专门法主要对一些基础性原则作出规定，不可能面面俱到，因而还需要其他法律法规加以配合，比如著作权法、专利法、不正当竞争法等将在激励大数据创新、促进公平竞争、协调数据产权与市场失灵问题等方面大有可为。需要指出的是，数据知识产权保护不仅体现在知识产权法中，还会体现在大数据统一立法中。

第一节　我国大数据知识产权保护的基本法律问题

GDPR 自 2012 年开始起草，在此过程中起草委员会深入讨论和明确了立法目的。具体而言，GDPR 致力于解决下列问题：新技术的影响；从内部市场维度加强数据保护；应对全球化和提高国际数据传输；提供一个更强大的制度安排有效执行数据保护规则；提供个人数据保护的法律框架。[1] 刘德良指出，"自从 2015 年国家提出大数据战略以来，由于一直没有处理好大数据产业发展与个人信息保护之间的关系，在理论和制度上照抄欧盟'控制主义'模式的立法，结果不仅个人信息滥用问题日益严重，而且也阻碍了大数据产业的发展"[2]，所以"未来的立法应该把握两点：一是促进对个人数据的利用；二是防

---

[1]　Minke D. Reijneveld, "Quantified Self, Freedom, and the GDPR", *SCRIPTed: A Journal of Law, Technology and Society*, Vol.14, No.2（2017），pp.285–325.

[2]　《个人信息保护法被列入立法规划　分散立法窘境该如何破解?》，2018 年 9 月 20 日，见 https://baijiahao.baidu.com/s?id=1612079051179772281&wfr=spider&for=pc。

止对包括个人信息和数据的滥用问题"。[①] 张新宝也认为，就"个人对个人信息保护和企业对个人信息利用"[②] 之间的矛盾而言，应秉持"两头强化"的观念，既强化个人敏感信息的保护，又强化个人一般信息的利用。

一、我国大数据保护专门立法的总体目标

从现实与理论角度看，大数据专门立法的价值目标至少应当包含以下四个方面：

第一，大数据专门立法应最大限度寻求大数据发展与保护之间的平衡。大数据立法究竟应着重促进数据分析范围的扩大以及由此带来的好处还是加强个人数据保护，取决于大数据收集、处理、应用、共享全过程中的利益博弈与权衡，取决于社会价值与个人利益之间的考量与平衡。理论上，大数据算法决定了扩大数据分析范围才能更好地增进大数据福祉，从而更好地实现社会效用。因此，加强个人数据保护可能会削弱大数据利用和发展能力。事实上，大数据生态系统同时存在利益互峙性和利益趋同性：在某种情况下数据利用和数据保护之间存在彼此制约的紧张关系，呈现此消彼长态势；但两者矛盾绝非不可调和的，现实层面的大量例证表明，大数据利用所带来的巨大利益

---

① 《个人信息保护法被列入立法规划　分散立法窘境该如何破解?》，2018 年 9 月 20 日，见 https://baijiahao.baidu.com/s?id=1612079051179772281&wfr=spider&for=pc。

② 张新宝：《我国个人信息保护法立法主要矛盾研讨》，《吉林大学社会科学学报》2018 年第 9 期。

不仅给予数据应用主体，还时常有利于作为应用对象的数据之"所有人"。这便为立法构建利益平衡机制留下了宝贵空间。就技术类立法而言，首先要厘清技术与法律的逻辑关系，法律的功能之一就是应对新技术所带来的利益不平衡问题，通过制定规则建立和调整新的法律关系，矫正技术的固有偏好，重构公平的社会系统。因此，最大限度地寻求大数据发展与保护之间的平衡是大数据立法所应关照的重要目标之一。

第二，大数据专门立法应偏向于保护公民的个人数据权益①。这是大数据立法的重要价值目标。从上文分析可以看出，在数据关系中政府、商业机构与消费者或其他自然人之间并非一直处于利益矛盾的对立面，但大数据发展和应用的利益倾斜性仍较明显、不容忽视，主要表现在两个方面：首先在大数据时代，在线交易中的信息不对称问题会加剧，导致消费者以个人数据为交换而获取服务，从而剥夺了消费者的交易谈判权。其次，政府或企业很少可能将大数据应用带来的利益与个人分享。正如蒂姆·伯纳斯·李爵士在《卫报》中评论的那样：通过手机能了解到自然人做了多少运动，爬了多少楼梯，这种大数据分析对个人是有利的，但前提是个人电脑能访问网络上储存的个人数据。然而，社交网站的一个现实问题却是，"他们有数据，而我没有"②。总之，数据驱动下的经济社会发展会进一步造成利益分配不

---

① 这里所说的"个人数据权益"，不仅包括数据隐私权益，还包括与个人数据有关的平等权等。

② Ian Katz, "Tim Berners-Lee.Demand Your Data from Google and Facebook", *The Guardian*, April 18, 2012.

均，导致侵犯隐私、不公平、歧视等社会问题，大数据立法必须予以
关切。

第三，大数据专门立法应处理好技术与法律之间的关系。从本质
上来说，大数据的法律挑战实为技术与法律之间的互动和博弈，法
律如何保持"技术中立性"十分必要，既不为技术所绑架又能为技术
发展和进步保驾护航。由于技术与法律相互作用过程中总是"技术先
行"，故针对技术问题的立法往往是复杂和艰难的，如专利法一直在
如何激励创新、实现原创发明与后续发明之间的权利分配与平衡方面
徘徊。法律规范固然在强制性、稳定性、确定性、一致性等方面具有
优势，但应对新技术问题如大数据带来的新挑战必然需要灵活性机
制，这是由技术创新、法律未来等考量因素所决定的。与此同时，监
管体制构建和各部门职权分配也是立法难点之一，这与技术性立法问
题存在极大关联。目前我国个人信息保护的分散立法实践表明，面对
个人信息保护这一共性问题，单独的行业监管难以实现相应的顶层设
计，关于个人信息保护的领导与监管体制、公共机构（如政府）的个
人信息收集与利用规则、社会化服务体系建设、综合救济体系构建等
方面难题尚未突破。基于这一基本认识和判断，我们不仅需要专门立
法实现个人信息保护的顶层设计，还需要提高立法技术以应对现有监
管体制带来的不确定性问题。GDPR 给予我们一个启示，即构建主要
规则和次要规则相容的法律框架，次要规则可通过授权的方式赋予成
员国法院和数据保护当局，以更为灵活的方式来适用和解释，体现为
一种程序性创新。我国大数据立法可考虑将法律规范与非法律规范的
措施结合起来，对于明确的权益、原则等制定在大数据立法中以规范

社会及个人行为；对于大数据监管的方式、程序等可交由非法律规范来规定，为大数据监管提供一定的开放空间，以防止监管过度造成对大数据发展的制约。

第四，大数据专门立法应致力于保护国家在国际协调和对话中的话语权。GDPR 是欧盟范围内统一的大数据立法，意在协调整个欧盟的数据隐私法，同时也有助于欧盟与美国之间在大数据领域以及经济发展中的必要对话。① 所谓"大数据是 21 世纪的石油"，主要因为海量数据正在成为新型资本，主宰着新一轮的市场竞争，谁拥有了大数据谁就拥有了核心竞争力。由此，大数据立法必须考量与国际惯例、国际公约及域外立法的协调性，以期获得大数据领域乃至相关竞争市场中的国际话语权和谈判力。

二、我国大数据知识产权保护的制度框架

总体来看，大数据保护的主体应包含个人、企业、政府等。张新宝针对"权利保护法和行政管理法"之间的矛盾，提出个人信息保护应致力于实现个人利益、企业利益和国家利益的三方平衡。从权益细分的角度，大数据保护的核心利益包括个人数据权益、商业模式创新和技术创新利益、国家安全和公共安全利益等。理论上，大数据获得知识产权保护的先决条件应是在数字经济时代，大数据全价值链蕴藏着国家、企业计划安排下的理性思考和决策，正如前文所述，数据知

---

① Gianclaudio Malgieri, "'Ownership'of Customer（Big）Data in the European Union: Quasi-Property as Comparative Solution", *Journal of Internet Law*, Vol.20, No.5（2016），pp.1–37.

识产权保护的起点是私权利益，但终极目标是促进大数据创新。由于大数据创新发展中收集、存储、利用、共享的数据性质和类型不同，就目前尚无专门立法的情况下，由某一部法律进行"一揽子"调整是不现实的，因而创新数据利益协同保护的共建共治共享机制十分必要。

第一，构建分类保护的知识产权框架。物理学"熵增定律"启示我们：封闭系统中能量总是趋于无序和杂乱，只有开放系统，才能通过能量和信息的交换，最终实现系统平衡。如今，大数据与物联网、云计算、人工智能等共同组成了数据流瞬息万变、价值链错综复杂的生态系统，因而要用开放性思维，构建数据利益协同保护的法律治理体系。在知识产权语境下，对离散数据或热数据及结构化数据库要实行分类保护：碎片化的离散数据或热数据处于几何级数增长和扩容的动态变化中，可适用商业秘密保护，以建立"事前商业许可合同＋事后风险评估"机制；结构化的数据库是经过一定整理和计划性安排形成的数据集合，个人数据作为数据库中的"单元"或"细胞"是静态集聚的，对满足"独创性"条件的数据库适用著作权法加以保护。此外，大数据与专利权结合会形成强大的市场竞争优势，出现"数据寡头""数据垄断"，消减下游商业创新动机，损害消费者数据利益，对此，一方面，应修改专利法中的信息披露制度，以增加数据透明度，加强数据访问和监管；另一方面，不正当竞争法可以确立"热数据"原则，对数据重用的性质和类型进行界定，进而明确不正当竞争行为的认定标准。针对有学者提出的"特殊保护模式"，即"通过特殊立法，将大数据集合与传统的作品和小规模数据库区分开来，同时规定较窄的特殊权利内容（限于公开传播权）"①，在笔者看来，尽管这种模式与现行知识产权体系并无冲突，但对推动大数据知识产权保护似乎也没有实质性增进作用，反而可能耗费不必要的立法成本。因为，大数据专门立法与现行知识产权体系相结合，再辅以反垄断法规制，已足以应对公共领域数据利用自由和竞争的风险挑战，同时能保障对市场失灵的矫正。更重要的是，对推动实现数据隐私、数据安全、数据利用三者之间的利益平衡也有所助益。当然，这三者之间要实现有效平衡恐怕还需要更多法律法规参与调整，如数据安全法、合同法等。

第二，构建知识产权保护与反垄断规制的协调机制。从知识产权法与反垄断法的关系来看，尽管权利性质有所不同②、权利行使方式存在冲突③，但两者都致力于维护市场竞争、推动经济发展、增进社会福祉等目标的达成。其中，知识产权法通过赋予知识产品创造者以有限的合法垄断权，以此鼓励创新从而促进市场竞争、改善市场环境及增进消费者福利。同时，知识产权法中的信息披露、合理使用、有效期限④等制度，为推动社会进步和发展提供了法律保障。进入数字

---

① 崔国斌：《大数据有限排他权的基础理论》，《法学研究》2019 年第 5 期。

② 知识产权法以私权为起点，保护权利人对其智力成果的有限垄断权；反垄断法则以公权力为角度，强调对市场竞争秩序和社会整体利益的维护。

③ 知识产权法对权利人有限垄断的保护，是基于对权利人智力创造所付出巨大代价的回报，基于权利人智力创造最终惠及公众而应获利益的维护，但知识产权人如若滥用权利，就会阻碍知识和信息的流通与传播，从而对市场发展起到阻碍作用；反垄断法则通过专门方式对知识产权滥用行为进行控制，以保证市场的自由竞争，使得社会协调、稳定地发展。

④ 根据知识产权法规定，一旦权利终止后，智力成果将进入公共领域成为公共资源。

经济时代，知识产权法与反垄断法的矛盾和冲突发生了新的变化，可以说这种变化是数据驱动的。"无论是政务数据，还是商业数据，虽然都是由管理对象或用户提供，但真正称之为'大数据'的，并非是杂乱无序的数据本身，而是经过必要的处理或加工"[1]，并"经过特定算法深度分析过滤、提炼整合及匿名化处理后形成的，故这些数据产品虽源于原始数据，却又有别于原始数据，具有相对独立性"。[2] 不可否认，大数据发展应用中凝结了技术与智慧劳动，从而使数据具有了智力产品属性。也正基于此，谁掌握了数据，谁就具有了大数据市场竞争优势，倘若滥用这种优势就可能形成实质垄断。理论上，数据具有非竞争性和非排他性，但数据处理的不透明、法律赋予一定程度的排他权等都可能使数据控制者获得大数据市场支配地位，这种市场支配地位本身并不违法，但如若控制者利用市场支配地位来限制数据的正常流通与共享，那么根据美国《谢尔曼法》的规定，即被认定为"违法"。[3] 在大数据市场，要构建知识产权保护与反垄断规制的协调机制，必须首先厘清知识产权与非法垄断的界限，具体包括以下方面：一是数据共享与数据专享。正常情况下，两者并不矛盾。"反垄断规制在确保数据主体合法权益的前提下要保障数据的自由流动，要尊重用户的数据权益以及数据经营者的衍生权益"[4]，而数据控制者根据数据知识产权规则可获得数据专享权（排他权），反垄断法自不必

---

[1] 韩伟：《安全与自由的平衡》，《科技与法律》2019 年第 6 期。

[2] 叶明、张洁：《数据垄断案件的几个焦点问题》，《人民法院报》2018 年 12 月 5 日。

[3] 殷继国：《大数据市场反垄断规制的理论逻辑与基本路径》，《政治与法律》2019 年第 10 期。

[4] 韩伟：《安全与自由的平衡》，《科技与法律》2019 年第 6 期。

干预。但如果数据控制者以数据专享之名实施排除、限制市场竞争的行为，影响数据共享，则应予以规制。二是大数据创新与垄断。根据本书第一章的论述，在数字经济时代，大数据市场支配力主要取决于数据收集器运行的市场及数据使用本身，由此说明，大数据创新不是获得市场支配地位的必然因素。"反垄断执法机构应当秉持适度规制的理念，不能因担心规制影响大数据、人工智能等新兴行业的发展而无所作为"[①]，也不能"过于冒进而有损创新"[②]，应"谨防落入反垄断规制万能主义的窠臼"[③]。对大数据市场垄断的法律规制应保持适度的谦抑性，运用信息披露、合理使用等制度对数据创新和竞争进行柔性调适，建立创新友好型的规制模式，确保数据驱动创新的发展。三是结构主义与行为主义。从反垄断规制方法来看，主要分为结构主义规制和行为主义规制两种。"通说认为，反垄断法兴起和发展阶段属结构主义，20 世纪后期反垄断法世界范围内的趋势是抛弃结构主义，改采行为主义。"[④] 但根据第一章所述，大数据作为输入要素，极易对市场结构造成影响。故此，建议采用行为主义与结构主义相结合的规制方法，更有利于保障大数据公平与自由竞争。同时可先行运用"试验性规制"技术确保反垄断规制的适应性和灵活性。总而言之，大数据市场既具有与其他市场相类似的结构，又具有大数据特征带来的复杂性和独特性，因而反垄断规制不仅仅是竞争法范畴的"内务"，而是

---

① 韩伟：《安全与自由的平衡》，《科技与法律》2019 年第 6 期。
② 牛喜堃：《数据垄断的反垄断法规制》，《经济法论丛》2018 年第 2 期。
③ 詹馥静、王先林：《反垄断视角的大数据问题初探》，《价格理论与实践》2018 年第 9 期。
④ 王艳林：《中国〈反垄断法〉的规制对象及其确立方法》，《法学杂志》2008 年第 1 期。

需要包括知识产权法、民法、隐私法、消费者权益保护法等相关法律共同协调和配合，唯有如此，才能构建竞争有序、运转良好的大数据市场。

第三，构建多元主体参与的监管机制。从现实层面来看，无论是政府部门、商业机构还是普通公众，常常面临数据资源总量大而分布散、需求多而供给不足等问题，究其原因，主要由于重要数据采集困难、企业数据垄断、政府核心数据公开不足等因素所致。从理论层面来看，数据透明度是造成上述问题的根源所在，而透明度需要依赖监管机制来实现。以大数据的商业利用为例，通常动机障碍和偏好障碍都会阻止大数据商业模式及技术创新，前者来自技术、法律及消费者行为等壁垒，后者如数据控制者根据自己偏好组织数据的事实可能造成数据流通障碍。在大数据商业应用中，消费者与商业机构的法律地位易受场景影响而发生变化和混同。譬如，随着消费者隐私保护的强化，消费者可以利用数据访问权、可移植权等控制数据使用量和使用方向，加之各种壁垒嵌入数据收集、存储、分析、使用等价值链，商业机构的大数据竞争优势降低、创新动力锐减，从而使消费者与商业机构法律地位发生反转。因此，要最大限度释放个人数据保护与商业利用的协同效应，关键取决于监管主体和监管规则两个方面：一方面，应改变政府主导的单一主体监管模式，建立政府、消费者（团体）、商业机构、行业协会等共同参与的主体多元化监管体系；另一方面，将消费者个人数据利益嵌入大数据商业利用的具体场景，对消费者隐私预期进行综合评估和考量，合理厘清消费者与商业机构的数据权利义务关系，建立动态监管机制，有效推进数据治理体系和治理能力现代化。此外，要构建硬法与软法融合的统筹监管机制，对于数据隐私的监管方式、监管程序等可交由非法律规范来规定，提供一定的开放空间，以防止监管过度造成对大数据发展的制约。

第二节 预留大数据技术发展空间的立法创新

目前我国尚无大数据专门立法。2018 年 9 月 10 日，十三届全国人大常委会立法规划正式发布，个人信息保护法被列入立法规划的一类项目中。从某种意义上说，有关大数据专门立法的研究不仅是法学领域的重要课题，也是包括信息学、经济学在内的其他相关领域的重要课题。大数据立法涉及内容复杂而广泛，以欧盟《一般数据保护条例》（GDPR）为例，其内容涵盖社会管理规范和个人行为规范，具体内容包括：个人同意规则，数据最小化、目的限制、准确性、完整性、机密性、合法性等原则，公平和透明度机制，等等。本书认为，目前大数据立法仍面临诸多挑战，特别是如何平衡法律与技术的关系，如何遵循技术中立性和法律稳定性原则，如何协调解决统筹监管和协作监管问题，等等。就大数据专门立法而言，研究重点不仅包含数据保护领域的主要规则、内容，还应体现技术开放性、立法包容性特征，也即整个立法系统的主要规则及其作用、制度安排、内容等都是立法研究应当予以关注的重要方面。因此在大数据立法中，应坚持数据保护与大数据监管并重，硬性法律和软性法律并存的基本原则，除主要规则外，还需考虑制定次要规则，以发挥应对技术创新所带来的新问题的重要作用。此外，我们必须评估法律在管理技术创新过程中的意图，以及如何调整人类和社会行为的不同方式。

众所周知，关于大数据，其内涵至今是模糊的，甚至没有一个权威的定义，目前形成共识的依旧是以"4V"特征（即数据的体积、速度、变化和准确性）来界定大数据。通常认为，我们已进入了以数据为核心要素的数字经济时代，数字模式代表着掌控世界的新方式，然而在这个信息化变革极其迅速的时代，技术创新常常来得猝不及防，如5G尚不成熟且普及，美国又宣布进入6G研发阶段，信息技术的快速更新、迭代和升级不断浇灌孕育着新业态新模式，进而加速新动能转换。这就提醒我们，大数据立法研究不能仅仅专注于数据保护，还应兼顾大数据技术创新对人类社会发展带来的机遇与挑战，如数据排序和分析涉及处理日益庞大的数据集规模和复杂性等是需要立法研究予以关切的固有问题。从立法角度考虑，法律应关注的大数据技术发展问题至少包含以下三个基本方面：首先，未来的大数据发展对数据生成和处理可能造成的技术影响；其次，未来的大数据发展可能带来的独特伦理和理论问题；最后，未来的大数据发展可能引发的客观性和认识论问题。这些问题既涉及实体方面，也涉及程序方面：前者如与小数据时代相比，大数据带来的挑战包括导致歧视的不公平结果、影响社会和个人自治的变革效应[①]等；后者则主要表现为导致在司法审查过程中失去客观性、真实性、

----

① 这与道德责任问题和自动化困境（即用算法代替或增加人类决策的可接受性）密切相关。

全面性①，进而影响司法公允性、权威性等。此外，对大数据的认识偏差，也会影响证据收集及效力，甚至出现证据理解上的偏误，从而造成案件审判结果不当。

在此背景下，本节以欧盟《一般数据保护条例》（GDPR）为分析样本，重点关注大数据立法面临的规范性挑战，特别是面向数据驱动的社会管理这一关键问题，如何利用法律规范予以监管和执行。根据前文的分析，在不同的大数据价值链上，大数据法律挑战所面临的问题会有所差异，比如大数据分析主要涉及知识产权和数据所有权问题。然而，大数据专门立法应当从数据运用的整个生命周期来考虑，如 GDPR 旨在调整大数据全生命周期内收集和处理个人数据的法律关系，包括处理数据集和运用技术等发生的法律关系。为此 GDPR 建立了主要规则和次要规则相互协调、相互配合的立法模型，为我们提供了一种兼顾技术中立性和法律稳定性的技术类立法有益示范。

具体而言，对大数据专门立法的研究应当回归到技术与法律之间的本质关系上来。除研究有关数据保护的重要原则、具体规则等内容外，我们还需反思法律的监管要求、法律体系的目标管理、技术创新、个人和社会行为等方面，因而如何设计立法方式、主要规则、次要规则，最终都应体现法律和技术之间的相互作用。在这个方面，GDPR 作出了努力，尽管 GDPR 的主要目标是保护个人数据，强化数据主体的数据控制权，但它同时抓住了大数据发展与数据保护之间的

---

① 这主要由于将复杂的大数据算法简化为一组给定的权重和变量所致。

关系、监管系统之间的竞争等。不同的监管系统及监管要求可能会相互冲突或相互强化，一个监管体系甚至可能导致另一个监管体系失灵或崩溃。实践中，有不少立法案例显示出，法律与技术的协调具有相当难度，如《世界知识产权组织表演和录音制品条约》第 14 条的规定①，现已不能适用于大数据时代的在线行为，这一定程度上反映出法律规则在应对未来技术创新的动力方面显得不足。GDPR 试图探索一种法律灵活性机制，除主要规则外，还设计了次要规则，并希冀在实现竞争监管体系平衡、兼顾多个合法权利保护、努力协调和化解风险等方面发挥重要作用。②

一、法律与技术关系的内生逻辑

遵循从康德到凯尔森的哲学传统，法律可以理解为一种技巧。依据法律和国家的一般理论，法律秩序与所有其他社会秩序的区别在于：它通过一种特定的技术来规范人类的行为，这种技术取决于物理胁迫或威胁。③ 如果法律是规范另一种技术的技术，而这另一种技术是技术革新的过程，从此种意义上说，我们可以认为法律是一

① 《世界知识产权组织表演和录音制品条约》第 14 条规定，录音制品制作者应享有专有权，以授权通过有线或无线的方式向公众提供其录音制品，使该录音制品可为公众中的成员在其个人选定的地点和时间获得。

② 参见 Luciano Floridi, "Big Data and their Epistemological Challenge", *Philosophy & Technology*, Vol.25, No.4（2012），pp.435–437。

③ Hans Kelsen, *General Theory of the Law and the State*, Cambridge: Harvard University Press, 1945, pp.37–38.

种元技术。但这并不意味着我们接受凯尔森的本体论，从而得出法律是唯一的社会控制手段的结论；也不意味着不存在其他的元技术机制。更确切地说，在技术创新的过程中，立法的意图重点应放在，解决人类和社会行为规范中的"为什么"（why）和"怎么做"（how）的问题。

一些学者建议，大数据专门立法的目标至少包含以下四个方面：一是特定效果的实现；二是线上和线下活动的功能对等；三是具有同等效力的技术之间不歧视；四是不应妨碍技术进步和影响法律未来，也不需要经常修改以解决这类进展。[①] 也有学者提出，要保持一种技术上的冷漠，即无论什么技术都适用于相同的方法，并保持技术（执行）中立性，根据该观点，法律的潜在中立性意味着，法律赋予技术一种特殊属性，在法律与技术之间建立一种兼容性机制，当技术创新后法律仍具有适从性。[②] 还有学者以人工智能为例进行说明：对人工智能（AI）领域社会关系的调整和行为的法律规制，目前尚处于激烈讨论中，从主体和社会关系角度看，研究重点主要包括：首先，明确人工智能领域主体包括人工智能的设计师、生产者和其他人工智能代理人等；其次，针对人工智能应用程序设计，法律应明确禁止非法使用行为；再次，法律应明确规定有关机器人使用的合同内容、程序等，以规范人工智能使用行为，同时帮助当事人合理预见非法使用的

---

① 参见 Bert-Jaap Koops, et al., *Starting Points for ICTRegulation: Deconstructing Prevalent Policy One-liners*, Cambridge: Cambridge University Press, 2006，pp.51–75。

② 参见 Chris Reed, *Making Laws for Cyberspace*, New York: Oxford UniversityPress, 2012，pp.5–12。

法律影响；最后，合理利用技术设计，将法律规制与技术设计相融合共同规范人工智能行为，即通过将规范约束嵌入应用程序的设计中。在此基础上，可以进一步研究人类—机器人相互作用的环境如何调节，以及为知识产权法、环境法等带来的法律挑战。①

　　综上所述，法律作为规范人与社会行为的方式，如何确保其制定和运行规则能够满足技术创新需要，这就要求我们从传统的技术规则中汲取养分。针对技术类立法，它并不是单一的某项法律，而是所有围绕该类技术的政策、行业规范、技术标准中蕴藏的价值、原则和规则集合体。② 具体在法律规则的设计上，要包含技术保障措施和技术监管机制，并确保与主要规则相协调。就大数据专门立法而言，大多数学者承认，国家政策和外交政策、价值偏好、技术发展等将对全球数据保护未来产生至关重要的影响。基于此，大数据立法可以借鉴和引入哈特提出的"主要规则和次要规则结合"③ 的立法方法，这两种规则分别对应规范人类和社会行为的不同目的和方式。其中主要规则的目的是直接通过技术管理来规范人们的行为和社会秩序，包括硬法律（如GDPR 的一级规则）、软法律（如数据保护监管制度）、技术标准化文件（如 ISO 标准）等；次要规则的目的是允许创建、修改和抑制基本规则。

---

①　参见 Ronald Leenes, Federica Lucivero, "Laws on Robots, Lawsby Robots, Laws in Robots: Regulating Robot Behaviour by Design", *Law, Innovation and Technology*, Vol.6, No.2（2016），pp.193–220。

②　参见 Ugo Pagallo, Massimo Durante, "The Philosophy of Law in an Information Society", *The Routledge Handbook of Philosophy of Information*, No. 6 （2016），pp.396–407。

③　参见［英］哈特：《法律的概念》，许家馨、李冠宜译，法律出版社 2018 年版，第 138 页。

二、"技术中立性"的立法创新

针对技术类立法难题，实践中有三种应对技术创新挑战的法律配套机制值得我们关注，具体举例如下：第一种是以 2016 年美国运输部采用的联邦自动车辆政策为代表，该政策实行"执行中立性"原则，意味着它不是只支持一个或多个在自动驾驶汽车领域的应用[1]，而是可以适用于未来的所有相关应用。第二种是由日本政府采取的设立技术实验特区的方式，实质上旨在构建一种让技术领域与法律领域对话的机制，以解决技术安全和法律责任的不确定性问题。2003 年 11 月，内阁办公室在福冈县北九州市设立了世界上第一个机器人特区，随后又在大阪、岐阜、神奈川和筑波建立了特别行政区。建立这些特殊区域的总体目标是为人工智能和社会建立一种接口，以方便社会科学家和普通人测试 AI 技术及其应用是否达到人类可以接受的和舒适的程度。[2]2008 年，日本在京都建立了一个专门的数据保护专区。第三种是欧盟《一般数据保护条例》（GDPR）运用主要规则与次要规则融合共治的方法，即两者相互作用，相互补充。下面将以 GDPR 为例说明主要规则与次要规则如何相互作用、互为补充，以应对大数据技术创新带来的挑战，为探索"技术中立性"的立法方法和创新提供一种思路。

2018 年 5 月，欧盟 GDPR 正式实施，这部大数据专门立法堪称目

---

① Ugo Pagallo, "The Legal Challenges of Big Data: Putting Secondary Rules First in the Field of EU Data Protection", *European Data Protection Law Review*, No.1（2017），pp.36–46.

② Ugo Pagallo, "Robots in the Cloud with Privacy: A New Threat to Data Protection?", *Computer Law & Security Review*, Vol.29, No.5（2013），pp.501–508.

前世界上最严厉的数据隐私保护法规，对全球数字贸易造成了巨大影响和严格约束，因而引起了全球各界的广泛关注。2019 年 11 月，欧盟正式发布了与 GDPR 配套的《GDRP 适用地域指南 3/2018（条款 3）》（以下简称《地域指南》），以进一步阐释 GDPR 第 3 条关于地域适用范围的规定。GDRP 第 3 条规定了地域适用范围，反映了立法者想要广泛保护欧盟范围内数据主体权利，以及在全球数字经济时代欧盟市场实体的公平竞争环境。GDPR 基于两个主要标准定义了该条例的地域范围：第 3 条第（1）款规定的"实体"（establishment）标准和第 3 条第 2 款规定的"目标"（targeting）标准。只要满足两个条件之一，GDPR 相关规定就将适用于有关数据控制者（controller）或处理者（processor）对个人数据的加工处理。GDPR 第 3 条第 3 款则确认，即使成员国的数据相关法律是根据国际法来制定，GDRP 也仍然适用。而《地域指南》旨在评估数据控制者或处理者的特定处理是否在新的欧盟法律框架范围之内，确保 GDPR 的统一适用，以便于各方仔细具体地评定相关数据处理行为是否要遵守了 GDPR。欧盟数据保护委员会（European Data Protection Board, EDPB）原则上认为，在 GDPR 适用地域范围内处理个人数据的情况下，该条例所有规定对此类处理行为均具有法律效力。由此可见，GDPR 第 3 条关注的核心对象是数据的处理行为（processing activity of personal data），而非法人或自然人是否落入 GDPR 适用范围，即同一个自然人或法人可能只有部分数据处理行为受其管辖。①

---

① 中关村互联网金融研究院：《欧盟正式发布〈GDPR 适用地域指南〉，万字长文讲述 GDPR 合规性解决方案》，2019 年 11 月 20 日，见 https://www.sohu.com/a/355051974_120057347。

值得一提的是，自从 2012 年 1 月提出制定欧盟 GDPR 以来，欧盟委员会已经提到了执行中立性原则。在第 66 号决议中明确指出，"在制定技术标准和组织措施以确保数据处理安全时，委员会应促进技术中立、可操作性和创新"。随后两年内，即 2013 年 11 月 20 日，欧洲议会提出第一轮修正案，上述提议再次出现在第 86 条的拟议条款中，规定了"委员会有权在该条款规定的条件下采取授权行动"，旨在表明次要规则制定权的下放。根据 2013 年议会通过的最后一项修正案（即第 196 号修正案），委员会应在执行现行法所规定的行为时促进技术中立。历时两年半，当 GDPR 正式文本终于发表在 2016 年 5 月 4 日欧盟官方杂志上时，人们发现，"技术中立"概念重新出现在该条例中：为了防止产生法律规避风险，保护自然人应坚持技术中立，不应取决于使用中的技术。[①] 换言之，对自然人的数据保护应当采取自动化与人工处理相结合的方法，以修正技术更迭带来的法律影响。

（一）主要规则："法律基本框架 + 技术保障机制"

法理学家哈特指出，法律是主要规则（初级规则或第一性规则）与次要规则（次级规则或第二性规则）的结合。其中，初级规则是设定义务的规则，在初级规则的规范下，不论他们愿意不愿意，人们都被要求去做或不去做某些行为。[②] 那么在技术类立法中，主要规则应如何体现技术与法律之间的相互作用呢？就大数据专门立法而言，就

---

① Ugo Pagallo, "The Legal Challenges of Big Data: Putting Secondary Rules First in the Field of EU Data Protection", *European Data Protection Law Review*, No.1（2017），pp.36–46.

② ［英］哈特：《法律的概念》，许家馨、李冠宜译，法律出版社 2018 年版，第 149 页。

是要确定大数据的实时生成和处理技术在多大程度上与新法律框架的基本规则和原则相兼容。以知情同意规则为例，大数据价值往往反映在数据集"二次利用"中，大数据收集的初始目的对大数据的未来使用并不具有指导性，如果建立严格的知情同意规则，势必对数据收集和使用构成强大的障碍，最终贬损大数据价值，那么 GDPR 是如何防止法律原则和规则阻碍大数据技术创新和竞争力的呢？

总体上看，GDPR 的主要规则体现了数据隐私保护的立法偏好，在原有欧盟《个人数据保护指令》的基础上，进一步强化了数据主体对个人数据的控制权。例如，GDPR 第 17 条关于删除的权利或被遗忘的权利，第 20 条关于数据可携性（可移植性）权利，规定了一种新的数据控制者的职责和义务；第 83 条是关于行政处罚的规定；等等。除此之外，GDPR 还提供了技术保障措施和评估机制等配套规则，以应对大数据创新带来的新挑战：第一种是关于匿名化（pseudonymisation）的规定。GDPR 第 4 条（5）规定，"匿名化"是指通过对个人数据的技术处理，使其在不借助额外信息的情况下无法识别出特定数据主体。前提是，上述额外信息应被分开保存且须采取技术和管理措施，以确保个人数据不被归属于某身份已识别或可识别的自然人。第二种是与数据处理有关的豁免性规定。如 GDPR 第 5 条（1）（b）（e）、第 14 条（5）（b）、第 17 条（3）（d）、第 21 条（6）以及第 89 条的规定。GDPR 第 5 条（1）规定了与个人数据处理相关的原则，根据第 5 条（1）（b）的规定，为特定明确和正当的目的收集数据，不得以不符合该目的的方式做进一步处理；但为公共利益的存档目的、科学或历史研究目的或统计目的而做进一步处理的除外。

这是一条例外规定，依据第 89 条第 1 款，为公共利益存档、科学研究、统计等所做的进一步处理，不应被视为不符合初始目的（目的限制原则）。第 5 条（1）（e）则规定，数据控制者的数据保存时间不得长于个人数据处理目的所必需的时间；但依据 GDPR 第 89 条第 1 款之规定目的，在采取适当的技术性和组织性措施以保障数据主体权利和自由的情况下，个人数据可被储存更长时间（储存限制原则）。由此可见，通常为公共利益的存档、科学或历史研究和统计等目的而使用和处理个人数据，可以成为责任豁免的理由，即不属于违法处理个人数据的范畴。就统计目的而言，GDPR 还要求欧盟成员国在本条例范围内制定和完善国内法，明确统计内容、控制访问权、处理个人数据资料的程序等具体规范，欧盟成员国法律应采取适当措施保障数据当事人的权利和自由，并确保统计保密。此外，GDRP 还规定了关于新一代数据保护的影响评估责任[①]。

从 GDPR 的基本框架来看，其主要规则旨在制定欧盟范围内个人数据保护和处理的基本原则和规则，并预留一定的弹性空间，为技术与法律的互动、主要规则与次要规则的相互作用提供了可能，这也充分体现了欧盟立法者的政治选择。

（二）次要规则："数据监管弹性 + 兼容性规定"

承前所述，法律的主要规则和次要规则并不是 GDPR 的创新产物。从起源上看，哈特早已在《法律的概念》一书中表明了其伟大洞见，规则的实施效果很大程度上取决于人们存在遵循的内在动机即自

---

① 如 GDRP Articles 35 ；GDRP Articles 36。

愿接受，仅仅靠强制力是不能建立法治的。因此，哈特引入了次级规则也即授予权力或权利的规则，次要规则寄生在主要规则之上，它们规定了人类可以通过做或说某些事，而引入新的规则、取消或修改旧的规则，或者以各式各样的方式确定它们的作用范围，抑或控制初级规则的运作。① 法律的次要规则主要包括：承认规则（识别规则）、裁决规则和变更规则。其中识别规则是一种元规则，即通过此规则可以识别大数据法律系统其他规则的有效性，也为司法适用提供依循；裁决规则规定了违反主要规则后的补救办法，如监督当局依照 GDPR第 36 条或第 83 条规定了程序性补救办法；变更规则允许创建、修改或抑制系统的主要规则。在这一系列的规则中，会包含一些具体的技术、程序甚至是法律实验。次要规则之间可以相互作用，从而增强实施效果。

在 GDPR 的立法实践中，次要规则的创建具有积极意义，它有利于建立法律的灵活性机制，同时与欧盟"实验性"联邦主义的性质密切相关。前文已经提到，大数据的收集和使用须满足 GDPR 的目的原则，匿名化技术的使用就是为了提供一种"适当的安全措施"②"适当的技术和组织措施"③；或者通过加密技术④ 将多种数据保护方法结合起来。这些技术保障措施都是为了实现技术中立而提供的元技术方法，除此之外，立法者还应当考虑大数据趋势所带来的新型伦理问题

① 参见［英］哈特：《法律的概念》，许家馨、李冠宜译，法律出版社 2018 年版，第 138—157 页。
② GDPR Articles 6（4）（e）.
③ GDPR Articles 25（1）; GDPR Articles 89（1）.
④ GDPR Articles 6（4）（e）; GDPR Articles 32（1）（a）.

和道德风险。为此，GDPR 又是如何通过两套不同的次级规则来予以应对的呢？透过下述立法变化，可以窥见一斑：其一，该规定保持了数据主体的传统均衡①。GDPR 已关注到数据隐私中的群体存在。现实中，个体经常成为群体的一员。若以群体为单位，在本体论和认识论的集合中，群体的信息自决更易受到攻击，这关系数据保护中的群体隐私问题。这一问题将引发立法者思考的是，当新类型法益面临伤害和威胁时，既有法律规范如何适用和调整？显然群体隐私作为数据隐私的新样态，不能使用传统的个人隐私保护方法，但可以借用"沙丁鱼"效应来寻求新的保护②。"沙丁鱼"不是"白鲸"（moby dicks），"沙丁鱼"需要获得群体保护。相应地，在数据保护领域中，分析处理和使用群体数据，可能会对我们大多数人（即"沙丁鱼"）产生新的危害。理论上，大数据趋势特别是在互联网、大数据、人工智能、5G 等多浪叠加下，"算法泛在化"将越来越多地引发了损害群体隐私的情况，而不是个体数据隐私，所以当前个人数据保护框架下的权利是不足以保护群体利益的，必须引入和补充数据保护的集体权利。基于这一理论认识，GDPR 第 80 条第 1 款规定，数据主体有权要求已经合法成立的非营利机构、组织或协会代表本人向法院提出诉讼或向监察机关提出申诉，以获得有效的司法或行政救济。此外，根据 GDPR 第 80 条第 2 款，成员国可以授权任何机构、组织或协会依据本条第 1 款，独立提出诉讼或申诉，无论是否获得数据主体授权。这是针对群体数据保护所提供的，能够使数据群体获得有效司法救济的强有力途径。

---

① GDPR Articles 4（1）.

② 即个人作为某个群体的成员加以保护。

因此，这一套规则并不是用一种类似于美国的团体隐私制度来取代个人数据保护，而是用一种新的集体权利方式来补充救济。① 倘若数据主体的隐私损害是由一组与之相关联的其他人的给定数据（如种族、民族、遗传等）所引起，在目前 GDPR 尚未明确群体隐私保护的立法框架下，"程序性权利司法救济规则"就显得十分必要。其二，增加程序性规则以克服知情同意规则的制度罅隙。传统的"知情同意"（information-and-consent）规则面临巨大挑战，但目前 GDPR 依然沿袭了 1995 年欧盟《个人数据保护指令》的规定，保留了知情同意规则，这不得不令人感到遗憾。当前在数据收集和处理过程中，习惯性点击同意按钮，或者因不点击同意按钮将不能获得产品或服务而被动选择同意等情形，都是司空见惯的。从此意义上讲，如今大量的"知情同意"已经沦为仪式性而非实质性的程序和行为。对此，GDPR 次要规则设计了更具必要性和实施性的策略，如增加事前评估程序等程序性规则，来克服知情同意规则形同虚设的现实困境。其三，设置数据保护影响评估机制来帮助确定某种类型数据在处理和使用过程中的风险和威胁。依照 GDPR 第 35 条（1），数据控制者有责任履行数据保护影响评估的义务，针对具体的数据处理方式尤其是使用新技术进行数据处理，要统筹考虑数据处理的性质、范围、内容和目的，因为这些都可能会为自然人权利和自由带来高度风险。特别是，对涉及

① 美国团体隐私制度是美国最高法院在 Boy Scouts of America v Dale 一案中确立的一项规则：大型公民会员组织，作为单独的权利持有人，其隐私与个人隐私相类似予以保护。参见 Ugo Pagallo, "The Legal Challenges of Big Data: Putting Secondary Rules First in the Field of EU Data Protection", *European Data Protection Law Review*, Vol.3, No.1（2017），pp.36–46。

"基于自动化处理的自然人个人方面的风险"①"处理大量特殊类别的数据如敏感数据或犯罪记录"②"大规模地对公众可进入的区域进行系统监测"③等情形要进行系统和广泛的评估。虽然这套次要规则与主要规则在集合性和程序性权利方面有部分重叠，但它们的目的非常明确：在应对技术创新时，数据保护应该是先发制人的，而不是补救性的，以确保隐私保护措施在收集数据之前就已开始发挥作用。换言之，确立数据利用和保护的事前评估程序是保持技术中立性和法律稳定性的关键。这与前文所述，日本设置专门的数据保护评估专区并建立相关制度，有着异曲同工之妙。毫无疑问，尽管次要规则的设置是为了缓解大数据带来的不确定性法律风险，但对于大数据创新的未来发展，以及蕴含其中的利益冲突、法律风险等问题，仍然充满未知数。可以预见的是，随着5G技术的应用和未来6G技术的发展，大数据带来的社会福利将超乎想象；同时在万物互联语境下，大数据带来的损害或许远不止非法歧视、数据泄密、身份盗窃、经济损失等。因而，立法技术如何跟上科技发展，将是我们长期面临的重大课题。

众所周知，法律需要完整性尤其是技术类立法。GDPR之所以"雇用"次要规则，并将其制定权委托给欧盟成员国，就是既要保障法律的完整性，又要确保成员国在既定的法律原则下实现更为灵活的大数据监管，以促进技术与法律之间的良性互动及正向效应。例如，依据

---

① GDPR 第 35 条（3）（a）.
② GDPR 第 35 条（3）（b）.
③ GDPR 第 35 条（3）（c）.

GDPR 第 89 条（1）的规定，关于用于统计目的的个人数据处理，具体如何设置安全措施由欧盟成员国结合本国国情加以制定，这是一种明智的做法，除却上述好处外，还可以推动欧盟成员国之间形成法律规则的竞争，以此维持欧盟数据保护的高水平。对此一些人警告说，不同的法律机制容易导致碎片化的风险。换句话说，欧盟数据监管权力的下放，可能会导致整个欧盟中出现大约 20 个不同的规则框架。这将形成一些国家对大数据更加宽容而另一些国家则更加严厉的不平衡局面，不利于有效发挥数据监管作为 GDPR 主要规则协调和补充力量的积极作用。更糟糕的是，这将使同时在欧洲多个成员国运作的公司或组织的日子愈发艰难。[①] 事实上，在欧盟数据保护领域，数据监管当局分设在欧盟成员国内，也即存在于多个司法管辖区范围内，主要采取统一技术标准的方式来化解可能产生的法律碎片化风险，如通过前述"程序性规则"来协调和解决。GDPR 第 13 条、第 36 条、第 86 条、第 135 条等条款均包括了一些技术标准和处理程序，不同程度地表达了上述特定价值目标。尽管这组次要规则本身并不能保证一个连贯的法律规则，确保多个国家法律系统及其监管机构之间的相互作用和有效协调，但可以肯定，GDPR 提供了多种方式来克服欧盟法律系统中来自国家偏好、价值观和法治传统等因素造成的"离心力"。理论上，不同的监管系统及制度要求之间可能发生冲突或者相互促进，也可能出现一个监管体系抑制另一个监管体系发挥效用的情

---

① Viktor Mayer Schönberger, Yann Padova, "Regime Change?Enabling Big Data through Europe's New Data Protection Regulation", *Columbia Science and Technology Law Review*, No.17（2016），pp.327–328.

形（如在数据跨境流通处理时）。无论哪种情况，监管机制之间的竞争都不是在规范的真空中发生的，而是由价值观和法律原则共同构成。事实上，欧盟各成员国监管制度之间保持一定竞争，既能够推动欧盟数据保护维持较高水平，也能够促使次要规则发挥有效作用。次要规则代表了一种法律灵活性机制，某些特定类型的规则可能改善法律的未来，既确保技术革新不受限制又保持法律稳定性。立法者或决策者在制定次要规则时，应当对技术变革可能引起的社会可接受性和凝聚力程度保持清醒的认识和合理的预见[①]，同时技术力量、市场力量及其他社会规范等都是重要的考量因素。

目前理论界对 GDPR 的实施评价仍然争议很大，特别是对主要规则的批评颇多。比如，有学者指出，GDPR 威胁着技术创新和研究，尤其是许多 GDPR 的要求（如数据最小化）与大数据、人工智能、区块链等技术发展原理基本上是不相容的。又如，要求数据处理者公开其数据处理过程，尽量减少数据使用和自动化决策，这不仅与大数据发展相冲突，还可能产生法律上的不确定性。与此同时，次要规则也被质疑"相当模糊和不透明"[②]。当然，也有学者认为，这种不确定的边缘恰恰代表了一种明智的灵活性机制，以应对技术上的惊人进步、监管体系之间的竞争、法律的未来验证，以及更多的挑战。在笔者看来，尽管 GDPR 的具体规则方面确实存在着不合理之处，如数

[①] 2012 年 1 月 23 日，在美国最高法院审理的琼斯（Jones）案中，法官阿利托强调"戏剧性的技术变革可能会导致流行的期望不断变化，并最终导致公众态度的重大改变"。

[②] 参见 Brent D Mittelstadt, et al., "The Ethics of Algorithms: Mapping the Debate", *Big Data & Society*, No.12（2016），p.14.

据最小化原则和数据可移植性等，对此前文已经详细论述，此处不再赘述。但是，GDPR 的框架设计还是值得肯定的：一方面，GDPR 在法律规范与技术措施之间创建了"超级链接"，有效实现两者的相互作用、相互补充。另一方面，GDPR 只规定一些应对技术创新的指导性原则和建议，而将具体的数据监管权下放给各成员国，不仅有利于各成员国监管体系的积极协调，从而满足 GDPR 的基本要求；还有利于各成员监管体系之间的竞争，以维持数据保护的较高水平。

三、"技术中立性"立法模型的启示

近年来，学者们相当重视与大数据相关的法律挑战研究，主要包括但不仅限于数据保护领域，也有学者开始关注立法技术和制度安排方面。从法律系统来看，通常有硬法和软法之分，与之类似，GDPR 的立法体系涵括主要规则和次要规则。本节之所以选用 GDPR 作为比较法研究样本，主要基于该法是全球范围内最严厉的数据保护立法，同时也是大数据领域的专门立法，自颁布实施以来，就受到了社会各界的广泛关注。GDPR 适用于整个欧盟范围内，从此意义上说，GDPR 是一部区域立法，那么它对我国大数据立法研究有何启示意义呢？笔者认为，这主要体现在立法技术、规则体系和内容体系等方面。

立法技术上，GDPR 有两方面特点：一方面在基本规则的设计上，尽力保持技术中立性的同时，更加关注次要规则和元技术的选择与作用；另一方面，GDPR 利用"实验"联邦制的优势，授权各成员国构建管理和激励技术创新的灵活机制。在规则体系和内容体系上，GDPR 具有一些突破性创新：首先，GDPR 中规定了匿名化技术及设置安全措施，对法律措施进行有效补充。其次，与之前的欧盟数据保护指令相比，GDPR 出现了保护数据群体隐私的程序性规则，以应对"算法泛在"趋势引发的数据群体隐私风险。最后，GDPR 的次要规则主要体现在监管机制和法律协调机制上，由于 GDPR 是区域立法，其监管和法律协调之权力下放给了欧盟成员国，意在不同监管机构之间形成竞争系统，促使各国在保护数据合法权利的同时，不阻碍技术研究和创新，以此增进法律协调和技术竞争。

GDPR 立法创新对我国大数据专门立法具有重要的启示意义，具体体现在以下几个方面：一是行为机制与技术机制融合共治。从创新理论出发，信息技术领域属于累积性创新较强的领域，其特点在于能在短时间内实现反复迭代改进。基于此，若立法体系中只设置行为机制，而不设置技术机制是不足以应用大数据技术发展需求的。二是个人数据与群体数据兼容保护。大数据效用很大程度上取决于海量数据的动态集聚及相关性评估，在很多情况下，个体数据中蕴含群体数据，尤其是通过相关性评估后，群体隐私将不可避免被挖掘和揭露。例如性别、家族、民族甚至种族等群体数据，可能通过其他个体关联数据被揭示出来，但群体隐私往往容易被忽视。GDPR 尽管未在主要规则明确"群体隐私"，但通过程序性规则将个人数据与群体数据兼容保护，是立法技术的一项重大突破，为我国大数据专门立法提供了借鉴和参考。三是监管机制与协调机制互为补充。当前我国区域发展不平衡问题依然非常突出，各省市大数据产业发展差距仍然较大，数据保护标准也扦格不入，不利于跨区域的数据流通和数据共享。因而，我国大数据专门立法可以借鉴 GDPR 的做法，主要规则以原则性规定为主，内容为数据保护和数据利用的基本原则、重要规则等，而将数据监管权限下放给地方，由各省市综合经济社会及大数据发展水平，制定具体的数据监管规则。

综上所述，随着信息技术变革不断推陈出新，在人工智能、物联网、区块链、云计算、5G 等新一代信息技术推动下，大数据发展具有更加广阔的前景，但与此同时，大数据专门立法将不断面临新的挑战。在此情况下，我们既要保证技术创新不受到立法的不当阻碍，又要保持法律的基本稳定性。一方面，大数据专门立法应当引入一定的灵活性机制，以应对未来的技术挑战，法律的次要规则在这方面可能发挥有效作用；另一方面，立法应呼吁多领域专家学者及实务工作者参与，对大数据创新的未来发展和伦理风险进行预判，在此基础上，明确立法意图并设计法律基本框架，特别是确立基本原则和技术标准，以提供数据利用的合法合规遵循及人类和社会行为的规范指引。

小　结

本章第一节初步探索了我国大数据知识产权保护的立法目标和制度框架，第二节重点研究了预留大数据技术发展空间的立法创新。其中第二节分为三个部分予以论述：第一部分关于法律与技术的法哲学分析。该部分重点阐述法律制度应以怎样的方式，来调整大数据技术发展及与社会交互过程中的法律关系。在此基础上，分析大数据法律的主要规则和次要规则不同的目标：前者旨在直接管理社会和个人行为，后者则作为适用规范，允许创建、修改和抑制基本规则。第二部分关于 GDPR 的立法框架及理论探讨。根据 GDPR 的立法框架，基本规则包括个人同意、数据最小化原则、假（匿）名化使用和重用个人数据的统计研究豁免等，而对统计分析的豁免讨论可以引出二级规则的核心问题即裁决规则和改变规则。GDPR 主要包括以下四种不同类型的二级规则：（1）授权机制；（2）法律协调机制；（3）预防性数据保护程序；（4）有效的司法补救程序。这类法律机制和程序的立场贯穿在 GDPR 法律体系中，如 GDPR 第 36 条规定了监督当局的职责和权力。根据该条规定，数据控制器在进行数据处理之前应咨询监管当局，以此减轻数据控制器不当处理个人数据导致的高风险。根据 GDPR 的规定，数据监管权力赋予各欧盟成员国的监管机构，其主要职责和权限参见 GDPR 第 55 条的次要规则。这种相互参照意味着主要规则和次要规则的补充和协调关系。一方面，我们可以预见法律制度之间存在有益竞争和相互协调，如欧盟版司法实验主义①的出现；另一方面，各个国家的政策偏好、大数据价值观和意识将影响整个欧盟数据保护的监管未来。人们注意到，即使欧洲议会和理事会批准了一项新的有关大数据算法决策和数据重用的权利规则和责任规则，这

---

① 司法实验主义的核心是，将美国实用主义的核心理念与思维方法运用到司法的具体运作工程中。实用主义范式下的司法理念为司法裁判提供了一种注重实践和经验的审判路径，这在一定程度上缓解了法官严格适法的压力。实用主义审判理念要求法官以判决可能导致的结果为依据而非绝对按照制定法规则作为裁判内容作出的依据，这在很大程度上弱化了判决书的说理性，强化了判决的可参照性。

些规则也往往是模糊和不透明的。在此情况下，GDPR 提供了一种强有力的数据保护机制以保护数据主体，即对数据主体的保护及其程度取决于其最终的法律解释，包括以监管规则为依据作出的价值判断。第三部分关于"技术中立性"立法模型的启示。

综上，与其他技术创新领域如人工智能（AI）一样，大数据技术的创新与发展已经将法律的次要规则置于聚光灯下。在应对大数据的法律挑战时，由 GDPR 的次要规则所建立的原则、机制和程序是否能够成功，仍然是一个悬而未决的问题，其答案取决于许多复杂的因素，包括 GDPR 主要规则的效力等。但不可否认，目前在一些关键技术领域的法律制定中，法律的次要规则已扮演着重要的角色。在大数据领域，通过设计与主要规则配套的技术保障措施、程序性机制等次要规则，在阐明主要规则的适用范围和内容的同时，帮助法律应对未来信息技术创新带来的新问题新挑战，不失为一种较为可行的方案。

第五章

一个特殊领域——医疗健康领域大数据
透明度与知识产权问题研究①

　　进入数字经济时代，大数据应用无处不在，尤其是渗透到金融、交通、医疗等高度专业化的领域，为这些领域带来了颠覆性创新和发展。2020 年年初，随着一场突如其来的新冠肺炎疫情席卷全球，人们看到大数据在这场全球抗疫中的不俗表现，包括基因测序、精准医疗、病例追踪、健康码管理等，为战"疫"取得最终胜利奠定了坚实基础。相应地，推动大数据技术与医疗健康领域技术深度融合、构建以数据为核心要素的大数据时代医疗健康体系成为人类共同面临的重要课题。医疗健康领域涵盖面广，涉及医疗诊治、医药研发、医疗器械制造、基因测序、健康监测等方方面面。因此，人类医疗健康数据种类包含临床病例、医学试验、健康管理、基因序列、生物样本等

---

① 本章主要内容已发表在《江苏行政学院学报》2020 年第 4 期。参见高莉：《医疗健康大数据透明度的实现与界限》，《江苏行政学院学报》2020 年第 4 期。

数据信息[①]，这些数据信息主要来源于制药企业、医院诊疗、医疗费用和健康管理四个方面，海量数据信息汇集成极其庞大的二次利用数据集，使大数据能有效发挥高级数据挖掘分析工具的作用，进而推动医疗健康事业高质量发展。

然而，大数据带来社会福祉的同时也对道德标准和行为规范提出新的挑战：大数据会产生增量效应，致使隐私变得模糊；大数据易形成利益偏好，可能以牺牲个人利益为代价；大数据对个人敏感数据信息的处理，有跨越传统道德界限的风险；大数据分析与个人身份有极大关联，身份识别技术致使"匿名化"失去意义；大数据蕴藏的隐匿性会贬损程序正义价值和公民自决权，并可能导致不公平、不正义、偏见、歧视等结果。这些都是大数据实践所引发的新型伦理风险，且传统隐私法律保护不足、大数据立法缺失等会加剧大数据领域的利益冲突，因而亟待法律予以关切和回应。

第一节 透明度实现：医疗健康大数据的伦理诉求

与一般数据相比，医疗健康数据具有高度隐私敏感性，更易触及数据主体的道德红线，同时大数据自决和预测分析的结果也更容易诱发其他伦理问题。所谓"阳光是最好的防腐剂"，大数据透明度可以增进人们对个人数据收集、存储、分析、使用的信任。政府信息的透

---

① 刘士国、熊静文：《健康医疗大数据中隐私利益的群体维度》，《法学论坛》2019 年第 3 页。

明度在政府部门、新闻媒体和公民个人之间的权益制衡方面起着至关重要的作用；财务报告的透明度使投资者愿意投资并购买股票。故此，大数据透明度实现的基本逻辑是为了阻止不道德的、敏感数据的使用，并减轻对错误推断的担忧。医疗健康领域关涉社会利益、公共福祉、人类健康，在大数据技术的浸润下，形成了自然人隐私与数据利用冲突、个人利益与集体利益糅合、敏感信息与非敏感信息混同的多元价值并存现象，这是研究大数据透明度实现与界限的前提。同时，透明度意在数据主体与数据控制者① 之间、数据控制者相互之间建立数据流通和数据共享的信任基础，因而更容易涉及知识产权问题。

一、医疗健康大数据应用的显著特征

在数字经济时代，大数据所带来的社会福祉呈几何级数增长，如麻省理工学院（Massachusetts Institute of Technology）的研究表明，使用"数据导向决策"的公司生产率提高了5%—6%② ；同时，数据驱动分析是一个自动化过程，海量数据中包含的大量个人信息尤其是敏感信息被悄无声息地采集、传播、分析、共享，会加剧数据应用与隐私利益、数据安全等的价值冲突。除此之外，医疗健康大数据还表现出以下"个性化"特征。

---

① 数据控制者是指收集掌握数据的企业或其他机构。

② B. Erik, et al.，"Strength in Numbers: How Does Data-Driven Decision-Making Affect Firm Performance?"，*SSRN Electronic Journal*, 2011，p.20.

第一，公共利益与个人利益融合与冲突。随着大数据在医疗健康领域的应用日益广泛，公共利益与个人利益融合与冲突的内在矛盾不断显现。一方面，大数据给人类医疗健康带来技术红利。比如，斯坦福大学（Stanford University）医学和生物工程教授拉斯·阿尔特曼（Russ Altman）和他的同事开展了一项突破性研究，通过大数据算法来识别药物及病例的显著相关性，从而发现一种非常受欢迎的降胆固醇药物（Pravachol）与另一种药物（Paxil）一起使用将会产生可怕的副作用——使患者的血糖升高至糖尿病水平。南非研究人员借助大数据分析发现，服用治疗性维生素 B 与艾滋病患者的死亡之间呈正相关关系。显然，基于大数据分析实现的重大医学突破，将使患者成为最终受益方。此外，医疗大数据应用提升了精准医疗效率，如 IBM 公司的 Watson 健康保健项目，能够通过筛选、比对、分析疾病与治疗史、基因数据等在内的大量数据，在短短几分钟内辅助医生为患者提供个性化治疗建议[①]；健康大数据应用提升了商业决策水平，如保险公司借力大数据识别投保风险，在线购物平台通过大数据分析定向推送健康类产品；等等。这次新冠肺炎疫情也给大数据在医疗健康领域的应用提供了创新方向和思路，如利用行为大数据定位传染病的暴发，通过患者集中购买的药物，预测疾病传播的短期趋势等。可见，大数据分析的潜在优势蕴藏着公共利益的集合。另一方面，医疗健康数据隐私保护阙如。医疗健康数据呈井喷式增长，个人健康数据信息除从诊疗过程、基因测试、医学研究中产生外，还可从个人电脑、可

_____

① 刘士国、熊静文：《健康医疗大数据中隐私利益的群体维度》，《法学论坛》2019 年第 3 期。

穿戴设备、互联网分享、社交平台上获取，而为了实现大数据效用，这些数据信息必须被设计共享，"隐私自我管理"被打破①，"无处安放的互联网隐私"令人担忧。

第二，个体利益与群体利益交织。在医疗健康领域，大数据处理过程会涉及个人隐私权益，这已成为共识。容易忽视的是，某些情况下数据处理是为了说明某个群体，即存在数据隐私的"群体样态"。比如，基因测试可能会产生有关病人的家族遗传信息；又如，**Myriad Genetics** 公司曾利用其对乳腺癌和卵巢癌的诊断专利来生成大量的、专有的女性患者基因信息数据库。② 在此情形下，个体数据和群体数据高度关联，个人数据访问权的行使就可能揭示群体数据而损害群体利益。换言之，个体利益与群体利益相互交织、糅合在一起，成为利益整体。从该角度出发，医疗健康数据具有多源多维隐私特征，预示着医疗健康大数据的法律风险进一步向复杂化方向延伸。医疗健康大数据分析处理和使用群体数据的频次多、情况复杂，而作为群体而非独立个体，其信息自决权更易遭到威胁和损害，由此引发对群体（大多数人）的新风险，因而单纯保护个体数据隐私的传统思路必须被打破，群体数据的保护措施应当得到补充。

第三，敏感数据与非敏感数据混同。通常健康、生物、遗传、性等相关数据被列入敏感数据范畴，故医疗健康领域是敏感数据最为

---

① 高莉：《大数据伦理与权利语境——美国数据保护论争的启示》，《江海学刊》2018 年第 6 期。

② Brenda M. Simon, Ted Sichelman, "Data-generating Patents", *Northwestern University Law Review,* Vol.111, 2017, pp. 377–437.

集中的领域。由于传播和泄露个人敏感信息将给受害人带来极大痛苦，基于道德关怀，长期以来各国立法或司法都尝试过详尽定义道德数据，清晰界分敏感数据与非敏感数据，但事实上并未取得成功。如欧洲法院（European Court of Justice）曾审理过一起涉及"敏感信息"的数据保护案件，其争点在于认定"断腿"是否属于敏感信息，在此基础上判定被告是否使用了原告的敏感信息。法庭上主要有两种对抗性观点：一种认为，从法律框架上涉及医疗条件的信息通常是敏感信息，故"断腿"应当归于敏感信息范畴；另一种认为，从本质属性上断腿的信息从未被人认定是"敏感"的。由此可见，涉及医疗条件的个人健康数据是否一律具有"敏感"属性尚未形成共识。欧盟数据保护政策的基石之一是建立分层制度，在此制度下，某些形式的数据类别和数据集被区别对待。欧盟《个人数据保护指令》（DPD）第 8（1）条禁止处理"揭示种族或族裔出身、政治观点、宗教或哲学信仰、工会会员资格和处理有关健康或性生活"的数据，同时提供了狭窄的例外情况。这一制度被《一般数据保护条例》（GDPR）所承继，并在"特殊类别"数据中增加了基因数据、生物特征数据，以及与性取向有关的数据。然而截至 2020 年底，敏感数据与非敏感数据的内涵及界限并不明晰，且往往随着时间的推移、时代的变迁，会产生极大变化，因而敏感数据与非敏感数据混同的现象在医疗健康领域十分突出。

综上所述，医疗健康领域的大数据应用具有重要价值，不仅有利于生物医学实现重大突破，还有利于提升精准医疗、商业决策水平，预测传染疾病暴发，即时监测个人健康状况等。然而，随着大数据在医疗健康领域应用拓展，人们对数据分析、行为跟踪、歧视、数据失控等产生巨大担忧，而导致"寒蝉效应"①；同时，大数据具有增量效应，个人数据积累体量越大，对隐私的影响就越大。此外，医疗健康领域成为群体利益集中地和敏感数据集聚地，存在个人利益与群体利益交织、敏感数据与非敏感数据混同的局面。透明度是大数据时代不可忽视的伦理价值观，具有调和大数据创新应用和数据伦理冲突的杠杆作用，因此数据价值多元、利益丛生的医疗健康领域呼唤透明度实现，但为避免陷入"透明度悖论"②，透明度实现与界限之间张力的合理调适值得研究，因为它关系知识产权保护中的利益平衡。

二、医疗健康大数据透明度实现的理论解读

（一）医疗健康大数据伦理多样化及其与透明度的关联性

医疗健康领域存在大量敏感信息且与非敏感信息混同，大数据自决和预测分析将诱发更多伦理问题：基于敏感信息的预测分析，数据隐私将可能被揭示和暴露；对于非敏感信息的预测分析，可能会固化旧有观念，引致歧视和不平等。总之，医疗健康大数据应用极易跨越不道德门槛、引发道德风险，如"怀孕预测评分""预测老年痴呆""评

---

① Omer Tene, Jules Polonetsky, "Big Data for All: Privacy and User Control in the Age of Analytics", *Northwestern Journal of Technology and Intellectual Property*, Vol.11, No.5（2013），pp.239–259.

② 所谓"透明度悖论"，是指某些机构为了执行任务或提供服务，会运用法律和商业秘密武器来隐匿其收集的数据及其行为，那么如何发现数据及其收集行为并要求他们实现透明度？参见 Neil M. Richards, Jonathan H. King, "Three Paradoxes of Big Data", *Social Science Electronic Publishing*, No.9（2013）。

估与青少年有关的敏感数据"等，究竟"红线"在哪里，目前尚无法律预设的明确界限。

第一，大数据背景下健康数据受各类推断影响而显现急剧扩大倾向。大数据时代，健康数据可直接来源于医学研究、诊疗过程、健康活动中，还可间接从其他各类数据库（如购物数据库）中推断而来。《纽约时报》曾报道，美国零售业巨头塔吉特公司（Target Int.）根据顾客的购买习惯，通过大数据分析，将"怀孕预测评分"分配给目标顾客，从而定期寄送婴儿用品优惠券及广告。颇为戏剧的是，一名未成年女孩的父亲因此意外得知女儿怀孕的消息。[1] 同样，通过个人电脑、可穿戴设备、手机等收集存储的个人行为数据也能推测出个人疾病风险及病史等健康数据。可见，随着大数据应用越来越广泛和"算法＋算力"的数据分析技术越来越强大，受到各类推断的影响，健康数据数量呈剧增态势，相应的数据共享流通范围急剧扩大，"特殊类型"数据的界限愈发模糊，分层制度的效力将被稀释。

第二，大数据技术使"歧视"从显性转向隐性。以健康歧视为例，过去此类歧视通常是相当明显的，如拒绝为残疾人提供某种服务。随着大数据的出现，人们的个性特征通过大数据分析进行相关性评估，从而在线上作出违反公平性的决策，这种看似中立的做法并不会引起公众注意。可以说，今天的歧视是数据驱动的，通常不涉及意图，大数据将社会的不平等提升到更不易察觉的水平。这些自动化过程没有

---

[1]　Omer Tene, Jules Polonetsky, "Big Data for All: Privacy and User Control in the Age of Analytics", *Northwestern Journal of Technology and Intellectual Property*, Vol.11, No.5（2013），p.253.

给受影响的人提供足够的洞察力，这一事实贬损了"正当程序"的价值蕴含。从规范角度看，大数据还可能会影响社会和个人自治的变革效应，即用算法决策替代人类决策。①

第三，数据"二分法"会加大隐私及数据安全风险。保罗·欧姆指出，"假设攻击者很难找到解锁匿名数据所需的特定数据是天真的"②。目前"去识别化"已成为众多大数据应用中的关键环节，尤其在健康数据、在线行为广告、云计算等领域运用广泛。美国《健康保险携带和责任法案》（*Health Insurance Portability and Accountability Act*, HIPAA）规定，从健康信息中去除可识别信息，以此减低个人隐私泄露风险，支持数据二次使用。然而"识别性"是可逆的，即便是匿名化处理的信息也随时面临再识别风险。当前隐私框架是建立在"可识别"与"不可识别"数据二分法基础上的，这种区分使大数据应用，尤其是数据共享演变成"去识别化"与"再识别化"低效的"军备竞赛"，从而贬损数据价值，带来成本上升、分析失效等潜在的社会负面效应。

综上，笔者认为，医疗健康大数据收集和决策过程的不透明是影响数据准确性、完整性及决策正确性的重要因素。在大数据世界里，数据推理比原始数据更关乎数据准确性的评价。大数据分析是一个解释性过程，完全无害、准确的原始数据也可能导出不准确、不可操

---

① Ugo Pagallo, "The Legal Challenges of Big Data: Putting Secondary Rules First in the Field of EU Data Protection", *European Data Protection Law Review*, No.3（2017）, pp.36–46.

② Paul Ohm, "Broken Promises of Privacy: Responding to the Surprising Failure of Anonymization", *UCLA Law Reviem*, Vol.57, No.6（2010）, pp.1701–1777.

作、偏见甚至歧视性的结论，其影响因素包括个人身份、价值观念以及决策标准、决策过程的透明度等。本质上，透明度原则与信息披露制度有助于修复技术与法律之间的断层。信息自决权应当赋予每个个体（群体），公平正义理念蕴含着，人们有权知晓影响自己生活的大数据决策，即数据控制者有相应的告知义务或信息披露义务。透明度可以事前阻止不道德、敏感数据的使用，避免采用不适当算法和用于社会不可接受之目的，并在事后减轻对错误推断的影响。

（二）医疗健康大数据透明度实现的正当价值

第一，透明度实现是生物医学产业累积性创新的重要基石。大数据技术的威力，很大程度上来源于大数据的累积效应、数据集的二次利用。从创新理论出发，创新的累积性特质因不同产业而有所差异。[①]生物医学领域特别是制药产业，其研发具有单向性、独立性，时限长、成本高等特征，相较于软件产业，创新的累积性和延续性相对较弱。大数据技术的引入和应用，有助于形成生物医学产业领域的"数据聚合"，使生物医学方面的数据信息相关性得以建立，以此促进生物医学技术产业的累积性创新。概而言之，大数据将加速生物医学产业链各环节数据积累与集聚，显著提高生物技术产业领域的研发和生产效率，同时为降低成本、市场前景预估、缩短研发周期提供有效、可靠的技术支持。然而，生物医学大数据的创新发展必须克服健康隐私法带来的法律挑战。比如，美国迈克尔·海勒（Michael Heller）和丽贝卡·艾森伯格（Rebecca Eisenberg）等认为，隐私法中

---

① 〔美〕丹·L.伯克，马克·A.莱姆利：《专利危机与应对之道》，马宁、余俊译，中国政法大学出版社 2013 年版，第 111—115 页。

的知情同意规则会加剧"反公地悲剧"发生。①"反公地悲剧"理论模型是 Heller 在批判经典经济学"公地悲剧"理论②基础上提出的。该理论模型认为，在公地内存在诸多权利所有者的情况下，为了达到某种目的，每个当事人都有权阻止其他人使用该资源或相互设置使用障碍，而没有人拥有有效的使用权，会导致资源闲置和使用不足，便发生了"反公地悲剧"。在生物医学技术的创新理论研究中，一直存在反公地风险的争论，其焦点主要在于透明度实现与知识产权问题。信息披露是透明度实现的题中之义。从激励创新角度，信息披露关系专利权及其范围，适度的信息披露要求可以实现产权保护、创新激励与公共利益的合理平衡，能有效避免"专利丛林""反公地风险"发生；从未来发展角度，生物技术与互联网、大数据、人工智能、区块链等信息技术深度融合，旨在将大量的生物信息用于技术产业创新。例如，蛋白组学需要收集大量的蛋白质序列、结构以及功能信息，并利用大数据算法，对蛋白质结构及蛋白质域性质进行深入了解，可以实现蛋白质的改变，以相同的生物活性作为天然配对物来生产更小的蛋白质。这些更小的蛋白质更易于作为药物来管理或具有强化的工业用途。可见，未来创新需要生物医学大数据应用，并通过信息披露制度的政策杠杆，来实现数据共享，从而释放数据累积效应价值。

第二，透明度实现是健康数据权利和义务关系的高度统合。医疗

---

① Arti K. Rai, "Risk Regulation and Innovation: The Case of Rights-Encumbered Biomedical Data Silos", *Notre Dame Law Review*, Vol.92, No.4（2017），pp.1642–1667.

② "公地悲剧"理论是英国加勒特·哈丁（Garrett Hardin）首先提出的。根据该理论，公地作为一项资源或财产有许多拥有者，他们中的每一个都有使用权，但没有权利阻止其他人使用，从而造成资源过度使用的"悲剧"发生。

健康领域的大数据应用，激起了个人（群体）对其健康数据"秘密性"收集、存储、分析、使用的恐惧，害怕受到"卡夫卡式"的不人道主义侵害，因而呼吁提高透明度。透明度是问责制的基础，一方面，透明度赋予了人们在数据收集前享有知情、访问、选择等权利，在数据流通中享有数据可携带性权利等；另一方面，数据控制者在数据收集、存储、分析、使用等过程中应当履行保障数据安全、防止数据泄露、不侵犯数据隐私、嵌入不影响患者家族或其他少数群体的算法等义务。透明度的潜在作用还体现在，消费者团体、学术机构或监管机构可以对数据控制者实行监管、施加压力，促使其按照法律规定、合同约定的范围、方式、程序收集和使用用户数据。值得一提的是，健康数据透明度实现还面临诸多困难：由于健康数据中包含群体数据，为保障数据安全和避免更大范围的隐私问题，个人主体仅仅有权访问自己数据，故在线访问数据需要设置强大的身份验证及安全通道，无疑为数据控制机构增加了技术成本，同时在现有集中式结构上构建多层用户端应用程序，数据泄露风险和未经授权的使用也相应增加[1]；医疗健康领域技术的相对晦涩也为数据主体行使访问权带来不便；等等。基于上述困境，在透明度实现中，需要科学设定权利范围，明确权利属性，合理分配权利义务，达致数据权利和义务关系的高度统合。

第三，透明度实现是医疗健康大数据实体正义与程序正义的协调

---

[1]　Omer Tene, Jules Polonetsky, "Big Data for All: Privacy and User Control in the Age of Analytics", *Northwestern Journal of Technology and Intellectual Property*, No.5（2013），pp.239–259.

统一。正如弗兰克·帕斯夸尔（Frank Pasquale）所言，"当我们进入大数据时代，企业对其业务行为的保密程度越来越高"①。尤其是像生物医疗这样高度技术密集型的行业领域，适当的透明度可以保障实体权利和提高监管效能。根据前文的论述，透明度实现中蕴藏了访问权、知情同意权、数据可携带权等实体权能，透过这些实体权利，透明度的实体正义价值得以洞见。与此同时，"防腐剂""消毒剂"是透明度的价值属性，主要体现在监管程序中。众所周知，生物医学技术及其衍生产品关系生命系统，且与生理、生态等相关系统交互，由此带来极大的不确定性和风险性。基于对安全与有效的评估，该领域存在较为严格的监管要求和监管程序，而监管是否有效很大程度上取决于监管机制和程序规则。医疗健康大数据透明度的实现，就要求构建事前民主化数据收集、事中隐私评价、事后跟踪问责等完整的监管程序机制。因此，透明度实现是实体正义和程序正义的协调统一。

第二节 透明度界限：医疗健康大数据创新中的利益平衡

如前所述，透明度实现是大数据伦理价值观的基本问题，而透明度界限则关系大数据发展中的利益平衡问题。特别是在医疗健康领

---

① Philip Hacker, Bilyana Petkova, "Reining in the Big Promise of Big Data: Transparency, Inequality, and New Regulatory Frontiers", *Northwestern Journal of Technology and Intellectual Property*, No.1（2017）.

域，其具有累积创新、技术密集、专利丛生等特性，因而透明度界限的确立将直接影响到上游创新与下游创新之间的利益均衡、知识产权保护与反垄断规制之间的合理平衡。

一、上游创新与下游创新之间的利益均衡

大数据是信息技术发展到一定阶段的产物。随着大数据效用的不断释放，学者们已从重点关注个人信息保护研究向数据安全与激励创新的平衡研究转变。信息学和计算机科学领域有学者曾指出，"数据来源和谱系的不公开妨碍了数据重用，相反过度公开又会阻碍大数据方法的创新应用"[①]。在上游创新与下游创新的平衡上，透明度有利于下游创新，特别是药物和设备临床试验所产生的数据被认为对后续创新具有重要效用，以推动实现具有重大社会价值的健康目标；相反，数据独占性、排他性对上游数据控制者具有积极意义，数据披露会对事前创新和已商业化的大数据应用产生负面影响。因此，透明度实现与界限之间"度"的科学把握十分必要。

那么，医疗健康大数据透明度究竟在多大范围内发挥效用，关键取决于以下三个方面：一是数据来源的透明度界限。一些技术评论人士认为，数据来源披露不足会威胁到大数据自身的未来发展。[②]"大数

[①] Ruth L. Okediji, "Government as Owner of Intellectual Property? Considerations for Public Welfare in the Era of Big Data", *Vanderbilt Journal of Entertainment and Technology Law*, No.2（2016）.

[②] Michael Mattioli, "Disclosing Big Data", *Minnesota Law Review*, No.2（2015）.

据"离不开海量数据的支撑，即由"量变"引起"质变"，原初数据收集和准备不足，数据来源不充分，会直接影响大数据分析，甚至导致决策失误。如若原始数据被数据主体或数据控制者所掌握，而不提供共享或流通、不披露，必将影响下游的大数据创新应用。二是数据聚合器的透明度界限。在诊疗测试背景下透明度问题显得格外突出，这是由该领域可能产生大量遗传变异数据所决定的。2016年7月，美国食品药品监督管理局（FDA）发布指导草案，明确提出"可公开访问基因变体数据库"，并强调"前沿或下一代测序技术（NGS）诊断工具依赖于遗传变异数据聚合的鲁棒性"。然而，FDA的指导草案缺乏约束测试人员的机制和透明度实现范围的规定，以至于测试人员可以免费搭乘公共数据"快车"，同时保持测试数据保密，从而阻碍下游创新。相比较，欧盟在生物制药临床实验数据透明度方面采取了利益平衡方法，即在临床试验阶段，数据受到独占性保护；在临床试验阶段过后，数据用于聚合和公开，为病人健康和未来创新提供益处。这是一种以时间点为标准划定数据透明度界限的理论模型。三是数据分析的透明度界限。Joseph Turow 在《如何定义你的身份和你的价值》一书中提到，基于不透明的分析算法，构成了对社会开放和民主的负面影响。可以说，在数据收集、存储、分析、使用全价值链中，数据分析是大数据应用最关键的阶段，"算法＋算力"数据分析质量的差异性决定了大数据的价值性。由于隐匿性的存在，数据分析被形象地称为数据"黑匣子"（blackbox），引起了人们的关注。对于大多数人来说，算法和运算过程犹如"天书"，尤其是与生物医疗技术结合，可能会产生"算法黑箱"乃至"算法独裁"问题。① 然而，数据分析也是最具"知识""智力"要素的活动过程，赋予一定的数据排他性才能激活大数据创新动力，因而如何在数据分析公开与保密的紧张关系中找到支点至关重要。事实上，上游创新与下游创新的价值平衡体现的是，数据属性的社会性、公共性，是透明度界限需要丈量的尺度。

二、知识产权保护与反垄断规制之间的合理界限

众所周知，"信息渴望自由"，数据信息具有非竞争性、非排他性的本质属性。随着大数据在经济社会发展和国际贸易竞争中的战略价值不断显现，大数据算法、数据库等有了"知识"基础，知识产权保护为大数据创新发展提供了强大的制度保障。知识产权以私权为手段，换取信息披露和公开，从而促进社会增殖，最终达到公共利益维护之目的。这与大数据透明度的内在价值具有高度的契合性。

值得关注的是，近年来数据垄断调查时有发生，如 2019 年 7 月，欧盟委员会正式启动对亚马逊使用其平台上独立零售商敏感数据的行为是否违反反垄断法进行调查。② 这意味着，数据企业可以将数据优势转化成市场竞争优势，利用知识产权数据聚合和分析，将法律赋予的有限垄断向无限垄断延伸。特别是医疗健康领域，在大数据加持下知识产权保护与反垄断规制之间又产生了新的变化。譬如，生物医疗

---

① 殷继国：《大数据市场反垄断规制的理论逻辑与基本路径》，《政治与法律》2019 年第 10 期。

② 木青：《欧盟对亚马逊启动反垄断调查》，《环球时报》2019 年 7 月 9 日。

领域存在"专利丛林",专利持有者可以利用专利数据聚合和分析产生遗传变异数据,再将其投入医药、医疗设备生产等二级市场以生成新的"发明",并通过商业秘密方式来保护该成果,变相延长了专利保护期限,从而导致实质性市场垄断。

综上,透明度界限就是要把握好上游创新与下游创新之间的应有张力、知识产权保护与反垄断规制之间的实然关系。进入大数据时代,透明度变得越来越重要,不仅有助于增进消费者对数据企业(经纪人)收集、使用其个人数据的信任,还有利于推动大数据累积性创新,但透明度也存在侵犯隐私、泄露机密,以及破坏数据控制者的创新动力等潜在风险,因此透明度界限需要依循正当性、合法性、效率性等法律价值。

第三节　透明度机制:基于隐私权与
知识产权博弈的探索

从立法实践来看,我国目前尚无大数据保护专门立法,有关医疗健康方面的个人信息保护散见于《执业医师法》《精神卫生法》等法律法规中,且仅草草几条原则性规定。2018 年 7 月 12 日,国家卫生健康委员会发布的《国家健康医疗大数据标准、安全和服务管理办法(试行)》第二条规定,我国公民在中华人民共和国境内所产生的健康和医疗数据,国家在保障公民知情权、使用权和个人隐私的基础上,根据国家战略安全和人民群众生命安全需要,加以规范管理和开发利用。这是对医疗健康大数据管理最直接的依据，但效力层级较低且主要涉及医疗健康大数据的服务管理，对数据主体、保护客体、权利内容等都缺乏详尽规定。可见，目前我国医疗健康领域的数据隐私保护机制尚不健全，而对于医疗健康领域大数据透明度、身份、个人自决等伦理价值的保护制度更是处于缺位状态。

一、域外法实践：基于隐私法框架的透明度实现机制

从世界范围来看，有关医疗健康数据保护的立法模式大致分为两种：一种是独立保护模式，即将医疗健康数据从其他个人数据中分离出来予以单独保护，如美国、澳大利亚等采取这种模式保护医疗健康数据；另一种是大数据保护专门立法模式，如欧盟颁布了《一般数据保护条例》（GDPR）对大数据保护实行专门立法，并将医疗健康数据归属于"特殊类型"数据予以特别保护。就医疗健康大数据透明度而言，美国和欧盟立法都有所关照，本部分将重点探讨两者的特点及其存在的不足。

概览美国数据保护立法发现，有关数据透明度的规定可追溯到1966 年颁布的《信息自由法案》（*Freedom of Information Act*, FOIA），该法案明确规定，个人和公司在不需要任何理由的情况下有权透明地获取信息。此外，奥巴马政府也曾发布过关于数据透明度实现和开放政府的备忘录。美国对医疗健康数据实行单独保护的立法模式。《健康保险携带和责任法案》（HIPAA）以及配套的《个人可识别健康信息的隐私标准》（ Standards for Privacy of Individually Identifiable Health

Information）是医疗健康领域数据保护的专门法规，前者规定了医疗健康信息的传输、访问与储存等数据安全标准，后者进一步明确了医疗健康信息使用与披露标准。[1] 关于医疗健康数据透明度的实现与界限，HIPAA 法案采取了"可识别化"标准，即将可辨别出个人身份的信息如姓名、指纹、基因、医疗活动中的详细情况等归于"受保护的健康信息"范畴，而受隐私规则保护，并对此类信息的使用和披露规定了严格的限制条件，包括经隐私规则允许或要求和经信息主体书面授权，其中"书面授权"有着明确严格的形式规范，如包含要披露或使用的信息、披露和接收信息的人员、授权到期日、撤销权，以及其他数据的具体信息等[2]；对于可经"去识别化"处理的医疗健康信息，其使用和披露不受隐私规则约束。此外，HIPPAA 为限制透明度的范围，还确立了以下两项特别原则：最低限度原则（Minimal Necessary），即要求披露受保护的健康信息时，必须做出合理努力，将受保护的健康信息量限制在合乎目的的最小必要范围[3]；限制使用请求权原则（Restriction Request），即规定个人可以提出限制信息使用的请求，用于治疗、支付或健康照护运作时，可要求有限制地使用或披露受保护健康信息。[4]

相比美国，欧盟采取大数据保护专门立法的模式，并对生物医学、医疗健康方面的数据给予特别保护。就透明度而言，早期 DPD

---

[1] 刘士国、熊静文：《健康医疗大数据中隐私利益的群体维度》，《法学论坛》2019 年第3 期。

[2] 45 C.F.R. § 164.532.

[3] 45 C.F.R. § 164.502（b）.

[4] 45 C.F.R. § 164.522（a）（1）（i）.

已提供了数据透明度保护，GDPR 进一步强化了数据透明度的实现，如允许数据的可移植性，使消费者能够控制他们的个人数据，同时支持大数据商业模式和技术创新。总体上，GDPR 对医疗健康大数据透明度的保护秉持较为积极的态度，其立法特点包括：一方面，强化数据主体控制权以推动透明度实现。访问权、数据可移植权等规定赋予了数据主体更强有力的数据控制权。如 GDPR 第 20 条规定，数据主体有权将与个人信息有关的主题数据以结构化、常用的及机器可读的形式传给控制者；有权将这些数据不受限制、直接地、以自动的方式传递给其他控制者。关于数据可移植性权利的行使，需要考量的因素包括：处理的目的；数据存储时间；涉及的个人资料类别；已披露或将披露个人资料的收件人或类别等。数据可移植权旨在让数据主体获得一个完整复制有关个人信息的权利，这是透明度实现的重要途径之一。另一方面，附加规则原则以划分透明度界限。最直接的体现是分层制度，根据条例规定，对于"健康数据、性生活、性取向等相关数据"，原则上完全禁止使用和披露；对于"个人基因数据、生物特征数据"，原则上经去识别化处理后可以使用和披露，但不得以识别自然人身份为目的。

通过比较美国、欧盟大数据保护的立法实践，尤其是 HIPAA 与 GDPR 有关医疗健康数据透明度的规定，不难发现，美国依然延续隐私法传统，而欧盟也并未完全脱离隐私法框架，同时美欧都采用数据识别性"二分法"作为数据保护和透明度实现的标准。本质上，这是"个人中心主义"数据伦理观的立法回应，并不符合数字经济时代需求，由此导致的制度性局限主要表现在以下方面：首先，数据"二分法"使透明度实现机制失灵。数据可识别性和非识别性之间极易发生转化，正如保罗·奥姆（Paul Ohm）指出的那样，"科学家已经证明他们可以经常对匿名数据中隐藏的个人信息进行再识别和重新匿名处理，其容易程度令人吃惊"[①]。因此，"数据识别性"并非稳定概念，以可识别性和非识别性"二分法"为标准，来分配数据保护及透明度实现的程度和范围，实属不妥。其次，数据可移植权使透明度实现制度失范。"数据可移植权"被认为是加强数据主体对个人数据的控制力最重要的体现，也是 GDPR 的亮点之一，但对于数据可移植性（权利）一直争议颇大。根据 GDPR 的规定，数据可移植权既适用于事前同意授权的情形，也可适用于合同履行之中。为了强化数据主体的数据控制权，数据可移植性（权利）由数据主体享有和行使，实质上阻却了数据控制者之间的直接分享，一定程度上降低了数据共享和流通效率。透明度实现不仅涉及隐私利益，还关涉大数据累积性创新，从此角度来看，数据可移植性（权利）无法实现数据透明度的伦理价值。最后，数据"特别保护"致使透明度实现制度失效。根据 GDPR 规定，数据等级可分为"一般类型"和"特殊类型"，后者指敏感数据，包括基因数据、生物特征数据，以及能确定自然人身份、与性取向有关的数据、涉及与健康有关的信息等。基于此类数据的使用和泄露可能给数据主体造成更大损害，美国和欧盟都采取了特别保护的办法。其中 GDPR 通过分层制度保护，透过这一制度，法律旨在提供明确信号表明，特殊数据损害程度必将大于普通数据损害，故透明度

---

① Paul Ohm, "Broken Promises of Privacy:Responding to the Surprising Failure of Anonymization", UCLA Law Review, Vol.57, No.6（2010），pp.1701–1777.

应受到严格限制。然而，分层制度面临合理性和可行性的质疑：对于前者，根据 Antoinette Rouvroy 的说法，大数据展开前后敏感数据所带来的歧视在形式上存在实质性差别[①]；对于后者，大数据要先区分为"常规"和"特别"，再适用不同的法律规则进行处理，是否会拖累大数据流程。[②] 实质上正如前面章节分析的那样，影响分层制度效用的因素主要来自两方面：一是分层制度将不可避免地导致实行成本上升。区分不同数据集属于特殊类别还是普通类别进而适用不同的监管规则，必然给监管机构带来执法成本的上升。倘若进入司法程序，法院须先甄别数据类型，从而产生鉴定等相应成本，更可能转嫁到当事人头上。二是分层制度将产生巨大的不确定性。大数据处于动态开放状态，特殊类别信息将不断扩充，会导致界分特殊数据和普通数据的标准发生变化，使分层制度最终失去意义。

二、立法建议：以利益平衡为目标的透明度实现机制

随着信息技术发展向纵深推进，大数据对医疗健康领域的助益将不可估量，与此同时，由于大数据时代医疗健康领域汇聚大量个人或群体的道德数据，该领域又将成为最易触碰红线的领域。生命伦理

---

① G. Spindler, P. Schmechel, "Personal Data and Encryption in the European General Data Protection Regulation", *Journal of Intellectual Property, Information Technology and Electronic Commerce Law*, Vol.7, No.2（2016）.

② Lokke Moerel , Corien Prins, "Privacy for the Homo Digitalis:Proposal for a New Regulatory Framework for Data Protectionin the Light of Big Data and the Internet of Things", *Social Science Electronic Publishing*, No.6（2011）.

学家阿特·卡普兰（Art Caplan）曾说过，为了潜在的公共利益，"现在是我们勉强地告别健康数据隐私的时候了"[1]，明确表达了医疗健康大数据的价值取舍。大数据透明度实现的尺度和范围，应当从数据安全[2]和激励创新两方面综合评判和考量，即以利益平衡为目标构建透明度实现机制。

第一，以数据隐私和激励创新协同保护为目标确立透明度原则。医疗健康领域具有价值多元化特征，应以数据隐私和激励创新协同保护为目标确立透明度原则。一是目的限制原则。通常访问权是大数据透明度实现的基本途径。从根本上说，访问权的内涵应包括加强数据主体的访问和限制数据企业的访问两个方面，但后者属于消极性权能。就后者而言，最重要的是，限制公司获得的数据量，这是目的限制原则的价值蕴含。根据 GDPR 第 5（1）（b）条的规定，"目的限制原则"要求收集个人数据必须以明确和合法为目的。同时，GDPR 还附加了一项兼容性规定，即"如果后续的数据处理超出指定的最初目的但与之兼容，这样的处理是被允许的"。对于目的限制原则，也存在争议。代表性观点有：目的限制原则会成为竞争的阻碍，因为它限制了初创期企业收集二级市场信息并利用它进入新业务领域的能力[3]；目的限制原则体现的是事后管控的工具价值而不是阻止事前分析，由此推知，

---

[1]　Art Caplan, "Why Privacy Must Die", 2016–12–19 [2018–07–04], http://hehealthcareblog.com/blog/.

[2]　数据安全包括数据隐私安全、国家安全、公共安全等，但由于个人（群体）隐私更容易受到侵害，且医疗健康领域大数据应用主要涉及数据隐私安全，故予以重点探讨。

[3]　Tai Z. Zarsky, "The Privacy-Innovation Conundrum", *Lewis & Clark Law Review*, No.1 (2015).

它会进一步促成垄断，使已经获得客户数据的企业可以保持市场活跃度。这些观点的共性在于：对目的限制原则会造成垄断或阻碍竞争的担忧。笔者认为，由于大数据分析与小数据统计分析不同，前者往往不具有明确目的，其分析预测效果极大程度上取决于数据广度和数据集范围，它需要纵向和横向、现在和未来的动态数据，在此情形下，确立目的限制原则对透明度实现才具有实际意义。一方面，目的限制原则可通过事先授权方式，从数据来源上提高透明度。或许有人会担心将导致成本高昂，事实上这主要取决于技术改良，从法律层面上讲，数据企业有义务改善晦涩难懂的技术语言及复杂的"知情同意"程序，帮助数据主体了解收集、使用个人数据的目的，以便其行使是否书面授权的自决权。另一方面，目的限制原则包含了法律授权的蕴意。医疗健康大数据应用，不宜过分被隐私框架束缚、道德数据绑架，其透明度实现的天平可以适度向医学研究、疾病诊疗、健康监测等明确和合法的目的倾斜，而限制其他目的的使用和披露，以实现数据隐私与激励创新的协同保护。值得注意的是，GDPR 的"兼容性规定"不宜在医疗健康领域适用，这是由该领域比其他领域更易跨越道德边界所决定的。二是尊重语境原则。"尊重语境"（data context）原则源于 2012 年美国公布的《消费者隐私权法案》，该法案第三项原则规定"公司收集、使用并披露消费者数据的方式应与消费者提供数据的语境一致"。该原则是从大数据功能和目标出发，考量大数据实践中蕴含的伦理价值观和多元化利益，以此形成信息合理流动的制度规范。[1] 笔者认为，

---

[1] ［美］马克·罗滕伯格等：《无处安放的互联网隐私》，苗淼译，中国人民大学出版社 2017 年版，第 127—135 页。

医疗健康领域是个人价值和公共价值杂糅的特殊领域，大数据透明度的实现与限制遵循尊重语境原则。理由是，尊重语境原则构建了对已存在信息流动与新型信息流动进行评估和比较的框架，它将前端的知情同意转向后端的风险评估，它设置了"隐私合理期待"评估标准，涵盖个人对其信息利用的信赖程度、认知价值、透明度实现，以及动态社会和文化因素等方面。这一原则是将透明度实现的重点从数据主体事前同意转移到对医疗健康大数据分析、使用过程的监管上。三是透明度与实质监管相结合原则。实证研究发现，基因诊断测试与大数据产生交集后，会组合成基因突变数据，这些数据可能进入制药、智能医疗设备生产等二级市场，从而产生新的发明。由于现行专利法框架，信息披露义务并不充分，对于数据生成的发明无须再次披露，因此专利持有人将会拥有超出专利权范围、延长专利权保护期限的市场垄断地位，这与专利权失效或到期后进入公共领域、最终惠及公众的立法宗旨和制度价值相悖。当大数据与知识产权发生交集，将产生两种后果：一种是产生无法估量的社会福利，如美国 Myriad 公司拥有与遗传性乳腺癌有关的基因 BRCA1 和 BRCA2 的专利权，通过大数据分析产生了关联数据，能够降低未知意义的变异率（VUS），为患者提供更完整的测试结果；另一种是可能会过度奖励专利持有者，导致对潜在下游创新的阻碍及消费者损失。对此，在目前知识产权法尚无明文规定、提供切实可行的应对机制时，确立透明度与实质监管相结合原则，采取一种较温和的方式，将鼓励信息共享、促进透明度实现权力授予医疗卫生监管机构来实施，在评估个人利益与公共利益、上游创新与下游创新之间价值基础上，动态调整透明度实现的时间、尺度和范围，不失为一种过渡性方案。

第二，以"算法＋正当程序"为中心建立透明度实现监管模型。大数据时代，数据收集和处理完成的方式是不透明和独占的，为了对抗数据挖掘、分析所固有的封闭状态，西特伦（Citron）和帕斯奎尔（Pasquale）呼吁在算法决策中提高透明度，并进行交互式建模。[①] 尽管数据来源是数据歧视产生的源头，限制数据访问量一定程度上可以减低歧视可能性。但从大数据全价值链来看，数据分析和使用对数据主体的损害可能大于数据收集和存储。原因主要有：数据分析和使用有着极大不确定性；数据分析和使用易产生歧视、不平等的关联性损害；数据分析易受数据质量、数量、动态变量等因素影响而导致自动化决策错误的结果。可见，算法透明度是透明度实现的重要方面。对于医疗健康大数据，由于算法信息不对称、个人有限理性及集体（群体）行动等原因，公众对个人医疗健康数据将失去控制的担忧增加，过程透明化即正当程序是破除公众不信任的有力武器。重点是，弱化虚置的知情同意规则，拓宽监管渠道和方式，保障数据算法知情和公众参与监督等实体权利，赋予数据控制者选择不损害个体利益的算法、大数据应用正当程序等义务。

第三，以个人利益和群体利益糅合为新面向构建透明度实现机制。在大数据技术推动下，医疗健康数据之间呈现高度相关性。有学者以基因组数据为例，阐释了两种相关性表现：一种是基因组数据与

---

① Hacker Philip, Bilyana Petkova, "Reining in the Big Promise of Big Data: Transparency, Inequality, and New Regulatory Frontiers", *Northwestern Journal of Technology and Intellectual Property*, No.1（2017），p.13.

身体状况、疾病风险等其他数据关联，另一种是个人基因组数据可能与家族、社群甚至民族的基因信息关联。相比其他领域，医疗健康领域个人数据与群体数据的关联性巨大，个体利益与群体利益糅合的情形较为普遍。对此，传统隐私理论和法律框架均存在缺位现象。理论上，曾有学者引入"群体隐私"概念，并将其明确为"个人与群体中其他人发生联系的属性"①。此概念模型并未突破个人隐私权理论，相反，这是一种暧昧表述，完全依托于个人隐私权的理论基础；法律框架上，现行信息隐私法如美国《信息自由法案》，是对传统隐私法的继承，依然延续了"个人知情同意"的亘古规则，以此为基础构建个人数据控制模式。所以，现行隐私框架并未关照群体利益，而医疗健康数据又不同于一般类型数据，它具有类型多样化、利益多元化等特征，决定了该领域的公共属性和多元价值，只关照个人利益而忽视群体利益，会造成更广范围、更大程度的数据安全损害及法律不平等后果。适当的透明度必须兼顾私权秉性和公共利益，医疗健康大数据的透明度实现必须跳出"个人中心主义"的隐私保护模型，借鉴"沙丁鱼"保护原理，将个人看作群体的一员而置于群体中保护，将个人利益融入群体利益中进行审度。在大数据透明度实现中，将个体访问权、选择权、同意权让渡与数据共同体，由群体统一行使信息自决权、作出是否参与集体决策的决定，并借力隐私控制范式的耦合披露机制②，

---

① 参见 Edward J. Bloustein, *Individual and Group Privacy*, New Brunswick: Transaction Books, 1978, pp.92–100。

② 这里的"耦合披露机制"是指让两个以上的披露机制相互依赖、彼此融合，实现互补和联动。比如，认知优化与监管规则相结合。

以强化法律效果。这一透明度实现机制有利于群体利益和个体利益的共同保护，同时比个人事无巨细地行使每项信息自决权更有效率，也更适应医疗健康大数据事业高质量发展的需要。

小　结

在医疗健康领域，通过大数据分析可以预测医药副作用，利用智能医疗设备可以实现对个体健康状况的实时监控和帮助用户进行健康管理等；相应地，基因测试和编辑的生物医学进展有赖于病人数据信息，健康管理有赖于用户的生物特征数据及行为信息等，这些健康数据信息的收集、存储、分析和使用极易引发隐私风险和其他伦理风险。可见，潜在的社会福利与个人数据安全在医疗健康大数据应用中的融合与冲突十分明显。医疗健康数据兼具社会属性和个体（群体）属性，存在数据安全、累积性创新等多元价值，透明度实现的意义就在于：通过密切监控大数据应用来促进构建信任和防止滥用，以及激励下游创新，推动实现医疗健康大数据规范、有序、高效运行和发展。总之，医疗健康领域大数据的透明度实现应当突破隐私法框架的束缚，朝着利益平衡方向寻求构建更加有效的机制，同时基于医疗健康领域的特殊性以及透明度与大数据创新的关联度，必须兼顾知识产权保护，这是摆在我们面前的重要课题。

主要参考文献

一、著作类

冯晓青：《知识产权法利益平衡理论》，中国政法大学出版社 2006 年版。

王泽鉴：《民法物权》，中国政法大学出版社 2001 年版。

王泽鉴：《人格权法》，北京大学出版社 2013 年版。

涂子沛：《数据之巅》，中信出版社 2014 年版。

张新宝：《中华人民共和国民法总则释义》，中国人民大学出版社 2017 年版。

[美] 丹·L. 伯克、马克·A. 莱姆利：《专利危机与应对之道》，马宁、余俊译，中国政法大学出版社 2013 年版。

[英] 哈特：《法律的概念》，许家馨、李冠宜译，北京：法律出版社 2018 年版。

[美] 卡尔·夏皮罗、哈尔·范里安：《信息规则：网络经济的策略指导》，孟昭莉、牛露晴译，中国人民大学出版社 2017 年版。

[美] 罗伯特·P. 莫杰思：《知识产权正当性解释》，金海军等译，商务印书馆 2019 年版。

［美］马克·罗滕伯格等：《无处安放的互联网隐私》，苗淼译，中国人民大学出版社 2017 年版。

［美］莫里斯·E.斯图克、艾伦·P.格鲁内斯：《大数据与竞争政策》，兰磊译，法律出版 2019 年版。

［美］约翰·罗尔斯：《正义论（修订版）》，何怀宏等译，中国社会科学出版社 2009 年版。

Amartya Sen, Martha Nussbarm, *The Quality of Life*, Oxford: Oxford University Press, 1993.

B. Erik, et al., "Strength in Numbers: How does Data-Driven Decision-Making Affect Firm Performance?", *SSRN Electronic Journal*, 2011.

Bert-JaapKoops, *Starting Points for ICTRegulation: Deconstructing Prevalent Policy One-liners*, Cambridge: Cambridge University Press, 2006.

Carroll Pursell, *The Machine in American*, Baltimore: Johns Hopkins University Press, 1995.

Chris Reed, *Making Laws for Cyberspace*, New York: Oxford UniversityPress, 2012.

Daniel J. Solove, Paul M. Schwartz, *Information Privacy Law*, Valencia: Aspen Publishers, 2009.

David Nye, *American Technological Sublime*, Cambridge: The MIT Press, 1994.

Edward J.Bloustein, *Individual and Group Privacy*, New Brunswick: Transaction Books, 1978.

Frank Pasquale, *The Black Box Society*, Cambridge: Harvard Press, 2015.

Hans Kelsen, *General Theory of the Law and the State*, Cambridge: Harvard University Press, 1945.

John Rawls, *John Rawls:His Life and Thought*, Oxford: Oxford University Press, 2007.

Lokke Moerel, Corien Prins, "Privacy for the Homo Digitalis:Proposal for a

New Regulatory Framework for Data Protectionin the Light of Big Data and the Internet of Things", *Social Science Electronic Publishing*, No.6（2011）.

　　Viktor Mayer-Schönberger, Kenneth N.Cukier, *Big Data: A Revolution That Will Transforming How We Live, Work*, and Think, Boston: HoughtonMifflin Harcourt, 2013.

　　WojciechSadurski, *GivingDesertItsDueSocialJustice and Legal Theory*, Dordrecht: D.Reidel Press, 1985.

二、论文类

　　陈凡、贾璐萌：《技术控制困境的伦理分析——解决科林格里奇困境的伦理进路》，《大连理工大学学报（社会科学版）》2016 年第 1 期。

　　程啸：《论大数据时代的个人数据权利》，《中国社会科学》2018 年第 3 期。

　　崔国斌：《大数据有限排他权的基础理论》，《法学研究》2019 年第 5 期。

　　崔国斌：《知识产权法官造法批判》，《中国法学》2016 年第 1 期。

　　代青霞：《医疗大数据的现状、挑战、对策及意义》，《医学信息》，2015 年第 28 期。

　　方巍：《大数据：概念、技术及应用研究综述》，《南京信息工程大学学报（自然科学版）》2014 年第 5 期。

　　房绍坤、曹相见：《论个人信息人格利益的隐私本质》，《法制与社会发展》2019 年第 4 期。

　　冯晓青、周贺微：《知识产权的公共利益价值取向研究》，《学海》2019 年第 1 期。

　　高莉：《大数据伦理与权利语境——美国数据保护论争的启示》，《江海学刊》2018 年第 6 期。

　　韩伟：《安全与自由的平衡》，《科技与法律》2019 年第 6 期。

　　林爱珺、余家辉：《美国"热点新闻挪用规则"的确立、发展与启示》，

《新闻伦理与法规研究》2019 年第 7 期。

刘士国、熊静文：《健康医疗大数据中隐私利益的群体维度》，《法学论坛》2019 年第 3 期。

刘云：《欧洲个人信息保护法发展历程及其改革创新》，《暨南学报（哲学社会科学版）》2017 年第 2 期。

牛喜堃：《数据垄断的反垄断法规制》，《经济法论丛》2018 年第 2 期。

孙南翔：《论作为消费者的数据主体及其数据保护机制》，《政治与法律》2018 年第 7 期。

王利明：《论个人信息权的法律保护———以个人信息与隐私权的界分为中心》，《现代法学》2013 年第 4 期。

王艳林：《中国〈反垄断法〉的规制对象及其确立方法》，《法学杂志》2008 年第 1 期。

项定宜、申建平：《个人信息商业利用同意要件研究》，《北方法学》2017 年第 5 期。

杨立新、韩煦：《被遗忘权的中国本土化及法律适用》，《法学论坛》2015 年第 2 期。

叶明、张洁：《数据垄断案件的几个焦点问题》，《人民法院报》2018 年12 月 5 日。

殷继国：《大数据市场反垄断规制的理论逻辑与基本路径》，《政治与法律》2019 年第 10 期。

曾彩霞、朱雪忠：《欧盟对大数据垄断相关市场的界定及其启示———基于案例的分析》，《德国研究》2019 年第 1 期。

詹馥静、王先林：《反垄断视角的大数据问题初探》，《价格理论与实践》2018 年第 9 期。

张继红：《论我国金融消费者信息权保护的立法完善》，《法学论坛》2016 年第 6 期。

张林：《完善个人信息的法律保护》，《光明日报》2012 年 9 月 8 日。

张新宝：《"普遍免费 + 个别付费"：个人信息保护的一个新思维》，《比较法研究》2018 年第 5 期。

张新宝:《我国个人信息保护法立法主要矛盾研讨》,《吉林大学社会科学学报》2018 年第 5 期。

周汉华:《探索激励相容的个人数据治理之道——个人信息保护法的立法方向》,《法学研究》2018 年第 2 期。

Jan Philipp Albrecht, "How the GDPR will Change the World", *European Data Protection Law Review*, Vol.2, No.3 (2016).

Ariana Eunjung Cha, "Watson's Next Feat? Taking on Cancer: IBM's Computer Brain is Training Alongside Doctors to do What They Can't", *Washington Post*, April 27, 2015.

Beata A.Safari, "Intangible Privacy Rights: How Europe's GDPR Will Set A New Global Standard for Personal Data Protection", *Seton Hall Law Review*, Vol.47, No.3 (2017).

Bilyana Petkova, "Business Law Fall Forum: The Safe-Guards of Privacy Federalism", *Lewis & Clark Law Review*, Vol.20, No.2 (2016).

Brenda M. Simon, TedSichelman, "Data-generating Patents", *Northwestern University Law Review*, Vol.111, No.4 (2017).

Brent D.M ittelstadt, et al., "The Ethics of Algorithms: Mapping the Debate", *Big Data & Society*, No.12 (2016).

Daniel J. Solove, "Introduction: Privacy Self-Management and the Consent Dilemma", *Harvard Law Review*, Vol.126, No.7 (2013).

Daniel J. Solove, Woodrow Hartzog, "The FTC and the New Common Law of Privacy", *Columbia Law Review*, Vol.114, 2014.

Gareett Hardin, "The Tragedy of Commons", *Science*, Vol.162, No.3859 (1968).

Gianclaudio Malgieri, "'Ownership' of Customer (Big) Data in the European Union: Quasi-Property as Comparative Solution?", *Journal of Internet Law*, Vol.20, No.5 (2016).

Ian Katz, Tim Berners-Lee, "Demand Your Data from Google and Facebook", *The Guardian*, April 18, 2012.

J. Drexl, "Position Paper of the Max Planck Institute for Innovation and Competition", , *International Review of Intellectual Property and Competition Law*, Vol.46, No. 6 (2015).

Jane Yakowitz Bambauer, "The New Intrusion", *Notre Dame Law Review*, Vol.88, No. 1 (2012).

Jules Polonetsky, Omer Tene, "Privacy and Big Data: Making Ends Meet", *Stanford Law Review*, Vol.66, No. 25 (2013).

Luciano Floridi, "Big Data and Their Epistemological Challenge", *Philosophy & Technology*, Vol.25, No. 4 (2012).

ViktorMayer-Schönberger, YannPadova, "Regime Change: Enabling Big Data through Europe's New Data Protection Regulation", *Columbia Science and Technology Law Review*, Vol.17, No. 2 (2016).

Jason Mazzone, "Facebook's Afterlife", *North Carolina Law Review*, Vol.90, No. 5 (2012).

McKinsey Global Institute, *Big Data: The Next Frontier for Innovation, Competition, and Productivity*, Chicago: MGI, 2011.

Michael Mattioli, "Disclosing Big Data", *Minnesota Law Review*, No. 2(2015).

Neil M. Richards, Jonathan H. King, "Three Paradoxes of Big Data", *Stanford Law Review*, Vol.66, No. 9 (2013).

Neil M.Richard, Jonathan H.King, "Big Data Ethics", *Wake Forest Law Review*, No. 2 (2014).

Paul M. Schwartz, "Property, Privacy, and Personal Data", *Harvard Law Review*, Vol.117, 2004.

Philip Hacker, Bilyana Petkova, "Reining in the Big Promise of Big Data: Transparency, Inequality, and New Regulatory Frontiers", *Northwestern Journal of Technology and Intellectual Property*, No.1 (2017).

Arti K.Rai, "Risk Regulation and Innovation: The Case of Rights-Encumbered Biomedical Data Silos", *Notre Dame Law Review*, Vol.92, No.4 (2017).

Judith Rauhofer, "Privacy is Dead, Get Over it! Information Privacy and the Dream of a Risk-free Society", *Information & Communications Technology Law*, Vol.17, No.3 (2008).

Minke D.Reijneveld, "Quantified Self, Freedom, and the GDPR", *SCRIPTed: A Journal of Law, Technology and Society*, Vol.14, No.2 (2017).

Ronald Leenes, Federica Lucivero, "Laws on Robots, Lawsby Robots, Laws in Robots: Regulating Robot Behaviour by Design", *Law, Innovation and Technology*, Vol.6, No.2 (2016).

Daniel L. Rubinfeld, MichalGal, "Access Barriers to Big Data", *Arizon a Law Review*, Vol.59, 2017.

Ruth L. Okediji, "Government as Owner of Intellectual Property? Considerations for Public Welfare in the Era of Big Data", *Vanderbilt Journal of Entertainment and Technology Law*, No.2 (2016).

Ryan Calo, "Digital Market Manipulation", *The George Washington Law Review*, No.3 (2014).

Lucio Scudiero, "Bringing Your Data Everywhere: A Legal Reading of the Right to Portability", *European Data Protection Law Review*, Vol.3, No.1 (2017).

Someshwar Banerjee, "What's Hot? What's Not? Delhi High Court Rejects 'Hot News' Doctrine", *Journal of Intellectual Property Law & Practice*, Vol.12, No.8 (2013).

Gerald Spindler, Philipp Schmechel, "Personal Data and Encryption in the European General Data Protection Regulation", *Journal of Intellectual Property, Information Technology and Electronic Commerce Law*, Vol.7, No.2 (2016).

Stephen Allen, "Remembering and Forgetting – Protecting Privacy Rights in the Digital Age", *European Data Protection Law Review*, Vol.1, No.38 (2015).

Tal Z. Zarsky, "Incompatible: The GDPR in the Age of Big Data, Seton Hall

Law Review", *Seton Hall Law Review*, Vol.47, No.4（2017）.

Omer Tene, Jules Polonetsky, "Big Data for All: Privacy and User Control in the Age of Analytics", *Northwestern Journal of Technology and Intellectual Property*, Vol.11, No.5（2013）.

Ugo Pagallo, Massimo Durante, "The Philosophy of Lawin an Information Society", *The Routledge Handbook of Philosophy of Information*, No.6（2016）.

Ugo Pagallo, "Robots in the Cloud with Privacy:A New Threat to Data Protection?", *Computer Law &Security Review*, Vol.29, No.5（2013）.

Ugo Pagallo, "The Legal Challenges of Big Data: Putting Secondary Rules First in the Field of EU Data Protection", *European Data Protection Law Review*, Vol.3, No.1（2017）.

Tal Z.Zarsky, "Desperately Seeking Solutions: Using Implementation-BasedSolutions for the Troubles of Information Privacy in the Age of Data Mining and Internet Society", *Manie Law Review*, Vol.56, No.1（2004）.

Tal Z.Zarsky, "Transparent Predictions", *University of Illinois Law Review*, No.4（2013）.

Tal Z.Zarsky, "The Privacy-Innovation Conundrum", *Lewis & Clark Law Review*, Vol.19, No.1（2015）.

三、 网络资源类

张新宝：《个人信息保护仍须统一立法，分散立法难以实现顶层设计》，2018 年 4 月 18 日，见 https://www.sohu.com/a/229722837_161795。

Art Caplan, *Why Privacy Must Die*, http://hehealthcareblog.com/blog/.

Doug Laney, *3D Data Management: Controlling Data Volume, Velocity, and Variety*, http://wenku.baidu.com/view/c4ddd5400b4c2e3f5627633d.html.

European Commission, *Agreement on Commission's EU Data Protection*

Reform will Boost Digital Single Market, https://ec.europa.eu/commission/presscorner/detail/en/ip_15_6321.

Michael Eisen, *When it Comes to Security, We're Back to Feudalism, Wired*, Http://www.wired.com/2012/11/feudal-security/.

Press Release, *European Common. Agreement on Commission's EU Data Protection Reform will Boost Digital Single Market*, https://ec.europa.eu/commission/presscorner/detail/en/ip_15_6321.

责任编辑：曹　春

封面设计：汪　莹

图书在版编目（CIP）数据

大数据创新发展与知识产权保护／高莉 著 . —北京：人民出版社，
　2021.10

ISBN 978－7－01－023768－8

I. ①大…　　II. ①高…　　III. ①数据处理－研究②知识产权保护－研究
　IV. ① TP274 ② D913.04

中国版本图书馆 CIP 数据核字（2021）第 190026 号

大数据创新发展与知识产权保护

DASHUJU CHUANGXIN FAZHAN YU ZHISHI CHANQUAN BAOHU

高　莉　著

人民出版社 出版发行

（100706　北京市东城区隆福寺街 99 号）

北京盛通印刷股份有限公司印刷　新华书店经销

2021 年 10 月第 1 版　2021 年 10 月北京第 1 次印刷
开本：710 毫米 × 1000 毫米 1/16　印张：15.5
字数：190 千字

ISBN 978－7－01－023768－8　定价：88.00 元

邮购地址 100706　北京市东城区隆福寺街 99 号
人民东方图书销售中心　　电话（010）65250042　65289539